两步等温淬火奥贝球铁阻尼性能及机理研究

张　煜　宋美慧　李　岩　李艳春
马宇良　王　阳　张晓臣　著

哈尔滨工程大学出版社
Harbin Engineering University Press

内容简介

本书首次系统研究了ADI的阻尼性能并阐明其影响机理，内容完整，论述清晰，资料新颖，为扩大ADI的应用范围提供了理论依据，具有重要的理论意义与实用价值。本书内容共分7章，包括绪论，试验材料、方案与测试方法，石墨形态与数量对两步法ADI力学及阻尼性能的影响，基体组织对两步法ADI力学及阻尼性能的影响，喷丸处理对ADI阻尼性能的影响，两步法ADI阻尼性能的数学计算及预报，以及结论。

本书可供从事机械工程、新材料研究及应用开发的科研人员参考，也可作为大专院校金属材料专业师生的参考书。

图书在版编目(CIP)数据

两步等温淬火奥贝球铁阻尼性能及机理研究/张煜等著. —哈尔滨：哈尔滨工程大学出版社，2023.6
ISBN 978－7－5661－3924－5

Ⅰ.①两… Ⅱ.①张… Ⅲ.①汽车－变速装置－阻尼－减振降噪－研究 Ⅳ.①U472.41

中国国家版本馆CIP数据核字(2023)第073479号

两步等温淬火奥贝球铁阻尼性能及机理研究
LIANGBU DENGWEN CUIHUO AOBEIQIUTIE ZUNI XINGNENG JI JILI YANJIU

选题策划 马佳佳 宗盼盼
责任编辑 张 昕
封面设计 李海波

出版发行 哈尔滨工程大学出版社
社 址 哈尔滨市南岗区南通大街145号
邮政编码 150001
发行电话 0451－82519328
传 真 0451－82519699
经 销 新华书店
印 刷 哈尔滨午阳印刷有限公司
开 本 787 mm×1 092 mm 1/16
印 张 7.75
字 数 185千字
版 次 2023年6月第1版
印 次 2023年6月第1次印刷
定 价 49.80元
http://www.hrbeupress.com
E-mail:heupress@hrbeu.edu.cn

前　言

随着汽车产业的蓬勃发展,振动和噪声已成为评价汽车品质的重要技术指标。研究表明,汽车噪声中30%源于变速箱,因此如何降低变速箱噪声成为汽车减振降噪研究的重点之一。变速箱噪声主要是由变速箱齿轮啮合质量不高,且齿轮材料阻尼性能偏低导致的,故寻找高阻尼的传动件替代材料成为变速箱减振的关键。目前,变速箱齿轮多采用低合金钢。球墨铸铁经等温淬火处理后得到以针状铁素体和残余奥氏体组织为基体的等温淬火球墨铸铁(ADI)。由于其特殊的微观组织结构,石墨球和基体间以及基体的不同相之间存在大量界面,且基体中还含有大量位错,这些晶体缺陷在振动过程中能够大量消耗能量,从而产生良好的阻尼效果。此外,相较于低合金钢,ADI还具有疲劳强度高(480 MPa)、密度小(7.2 g/cm^3)、成本低等优点。ADI能够同时满足人们对汽车构件在安全性、轻量化、低成本和舒适度方面的要求,是替代合金钢制造变速箱齿轮的理想材料。然而,目前关于ADI的阻尼性能还鲜有报道,其阻尼机理更没有得到系统的研究和阐释。因此,系统研究ADI的阻尼性能并揭示其机理,是一项亟待解决的重要课题,具有重要的学术和应用价值。

本书通过调控球化剂加入量、铸件壁厚和热处理工艺参数获得不同石墨形态、数量及基体组织的ADI试样,通过调控喷丸工艺参数获得不同微观组织和应力分布的ADI试样,系统研究了石墨形态和数量、基体组织及喷丸处理工艺参数对ADI力学及阻尼性能的影响,并揭示了ADI的阻尼机理;同时,基于分数导数模型,建立了ADI的阻尼性能关于温度、频率、振幅的数学模型,获得了阻尼性能关于上述变量的经验公式,实现了ADI阻尼性能的预报。本书创新点如下:

(1)首次系统研究了石墨和基体对两步法ADI阻尼性能的影响,揭示了两步法ADI中石墨形态、石墨球数量及基体组织对阻尼性能的影响规律。

(2)探明了喷丸处理对ADI阻尼性能的影响规律,揭示了喷丸处理导致表面石墨破碎、基体马氏体相变及晶粒细化对阻尼性能的影响机理。

(3)基于分数导数模型,考虑阻尼损耗因子与频率、温度和应变振幅的关系,建立了ADI阻尼性能的计算模型,并引入与晶体缺陷相关的因子对模型进行修正,分别得到阻尼性能关于频率、温度和振幅的经验公式。

郭二军教授对本书的撰写和试验研究给予了大量指导,在此深表谢意。郭老师对前沿科学的全面掌握、严谨务实的科研态度、学术创新的独到见解以及为人师表的学者风范令人钦佩!

本书由张煜、宋美慧、李岩、李艳春、马宇良、王阳、张晓臣撰写。其中前言、第1章的

1.1 节、第 4 章、第 7 章为张煜著；第 1 章的 1.4 节和参考文献由宋美慧著；第 3 章由李岩著；第 5 章由李艳春著；第 1 章的 1.5 节、第 2 章和第 6 章由马宇良著；第 1 章的 1.2 节由王阳著；第 1 章的 1.3 节由张晓臣著。

本书中的研究由国家自然科学基金项目（项目编号：51674094）和黑龙江省自然科学基金项目（项目编号：LH2020E119）资助完成。

由于著者水平有限，书中难免有疏漏和不足之处，恳请专家和读者批评指正！

著　者

2023 年 2 月

目　　录

第1章　绪　　论

1.1　研究背景及意义

随着汽车产业的不断发展,人们对汽车舒适度的要求越来越高。而舒适度在很大程度上取决于汽车的减振效果和噪声程度。因此,振动和噪声已成为评价汽车品质的重要指标。噪声是汽车构件振动所产生的声波叠加,因此,降低噪声的关键在于减振。研究表明,汽车噪声中30%源于变速箱,所以,如何降低变速箱噪声成为汽车减振降噪的研究重点之一。变速箱噪声主要受变速箱齿轮啮合质量和材料阻尼性能的影响,故寻找高阻尼的传动件替代材料成为变速箱减振的关键。

目前,变速箱齿轮材料多采用低合金钢,其疲劳强度为430 MPa左右,密度为7.8 g/cm^3。随着人们对汽车减振降噪和轻量化要求的不断提高,研发新的替代材料具有重要意义。等温淬火球墨铸铁(ADI)具有优异的综合力学性能,其疲劳强度可达480 MPa,密度为7.2 g/cm^3,且成本低。ADI因其等温淬火工艺而具有特殊的微观组织结构,石墨球和基体间以及基体的不同相之间存在大量界面,同时基体中还含有大量位错,这些晶体缺陷在振动过程中会消耗能量,从而产生阻尼效果。其阻尼性能的大小取决于因工艺不同而产生的不同组织。因此,系统开展ADI力学性能和阻尼性能的研究具有重要的学术和应用价值。

已有的ADI研究主要集中在热处理工艺对其力学性能的影响方面,而关于其阻尼性能的研究还鲜有报道,仅有Kang等研究了ADI的单步等温淬火温度和时间,以及深冷处理温度和时间对其阻尼性能的影响。研究发现,相较于铸态试样,ADI的阻尼性能显著提升,这是由于在振动过程中,ADI中石墨和铁素体之间的界面发生塑性变形,同时基体内的残余奥氏体/铁素体界面发生相对滑移,在二者的共同作用下振动能被大量消耗。研究还发现,ADI的阻尼性能随等温淬火温度(350~550 ℃)和时间(10~120 min)的改变而改变,这主要与振动过程中石墨/基体界面发生塑性变形以及软韧相奥氏体吸收振动能有关。此外,随着深冷处理温度的降低(−40~−196 ℃),ADI的阻尼性能提升。这是由于低温下残余奥氏体发生马氏体相变,而马氏体的形成使材料内部产生大量层错和孪晶,增加了基体内的界面面积,从而在振动过程中,界面滑移耗能增加,阻尼性能提升。但上述研究仅局限于采用单步等温淬火工艺制备的ADI,缺少对ADI阻尼性能的影响因素及机理的系统研究,更没有开展两步等温淬火工艺对ADI阻尼性能及机理的研究。

在传统的单步等温淬火工艺条件下,ADI的强度和韧性难以兼顾。两步等温淬火工艺则可以获得高强度、高韧性的ADI,这是因为一步等温淬火工艺控制基体形核,在较低温度下形核,相变驱动力大、形核率高、晶核尺寸小;二步等温淬火工艺控制晶粒长大,其通过改变淬火温度和时间获得晶粒细化且残余奥氏体体积分数高的ADI,进而实现ADI的强韧化。

因此,两步等温淬火工艺是获得高强韧 ADI 的有效手段,在保证力学性能的基础上进行两步法 ADI 阻尼性能影响因素及机理的研究具有更大的实际意义和应用价值。

对于两步法 ADI 阻尼性能影响因素及机理的研究,如何实现 ADI 中球状石墨和基体组织调控是关键。本书通过改变球化剂加入量及铸件壁厚,实现石墨形态及数量的有效调控,研究石墨形态和数量对 ADI 力学及阻尼性能的影响并阐明其机理;通过改变两步等温淬火工艺参数,实现基体组织的有效调控,进而研究基体组织对 ADI 力学及阻尼性能的影响并阐明其机理。由于 ADI 传动部件在使用前会进行喷丸处理,在合金表面形成压应力层,从而提高材料的疲劳强度和使用寿命。因此,本书通过改变喷丸时间,获得微观组织和应力分布不同的 ADI 试样,研究喷丸处理对 ADI 力学及阻尼性能的影响。此外,本书基于分数导数模型,建立 ADI 的动态损耗因子关于频率、温度和应变振幅的数学模型并进行数值计算,从而实现 ADI 阻尼性能的预报。

综上所述,开展两步法 ADI 阻尼性能的研究,查明石墨形态和数量、基体组织对阻尼性能的影响规律,进而揭示微观组织对阻尼性能的影响机理,为扩大 ADI 在汽车变速箱齿轮等传动部件上的应用提供理论依据,是一项创新性工作,具有重要的理论意义与应用价值。

1.2 金属材料的阻尼性能及表征

1.2.1 阻尼性能

对于理想材料,其所受应力及应变符合虎克定律,具体见式(1-1):

$$\sigma = E\varepsilon \tag{1-1}$$

式中 σ——应力;

E——弹性模量;

ε——应变。

而实际材料的晶体结构有很多缺陷,所以其应变会滞后于应力,出现弹性滞后效应(图1-1)。

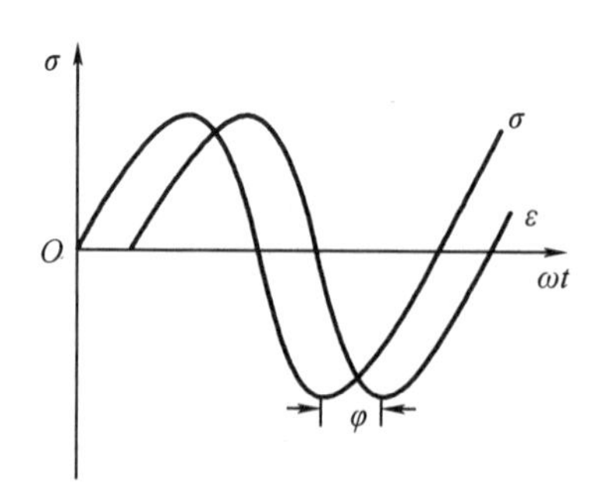

图1-1 交变应力作用下应变与应力的滞后关系

则有式(1-2)和式(1-3):

$$\sigma = \sigma_0 \exp(\omega t) \tag{1-2}$$

式中 σ_0——应力幅；

ω——角频率；

t——时间。

$$\varepsilon = \varepsilon_0 \exp(\omega t - \varphi) \tag{1-3}$$

式中 φ——应变滞后应力相位差；

ε_0——应变幅。

根据虎克定律，并通过式(1-2)和式(1-3)，弹性模量计算如下：

$$E = \frac{\sigma}{\varepsilon} = \frac{\sigma_0}{\varepsilon_0}(\cos\varphi + \mathrm{i}\sin\varphi) = E' + \mathrm{i}E'' \tag{1-4}$$

$$E' = \frac{\sigma_0}{\varepsilon_0}\cos\varphi \tag{1-5}$$

$$E'' = \frac{\sigma_0}{\varepsilon_0}\sin\varphi \tag{1-6}$$

式中 E'——存储模量；

E''——损耗模量。

1.2.2 阻尼性能的表征

有很多方法能够表征阻尼性能，一般采用如下几个参数。

(1)损耗角正切($\tan\varphi$)。当发生振动时，材料的模量必然会出现一定的损耗，通常以 E''和 E'的比值，即 $\tan\varphi$ 来反映材料的内耗。利用这一原理所制作的阻尼测试仪器为动态机械分析仪(DMA)。

(2)比阻尼(减振系数 Ψ)。当交变应力作用于材料上时，由于存在弹性滞后效应，所以在 $\sigma-\varepsilon$ 曲线上会产生滞后圈。而其对应的面积，则是应力作用一周所产生的总内耗，能够用来表征材料阻尼。减振系数 Ψ 表示在一个振动周期内 E''和 E'对应能量的比值。

(3)对数衰减率 δ。对数衰减率 δ 主要用来表征自由振动试样的阻尼性能：

$$\delta = n^{-1}\ln(A_i/A_{i+n}) \tag{1-7}$$

由式(1-7)可知，对数衰减率 δ 是利用振幅衰减曲线中相邻 n 次振幅 A_i 和 A_{i+n}比值的对数函数形式表示的。

(4)内耗 Q^{-1}。品质因子 Q 的倒数 Q^{-1}能够用来进行内耗的表征。当外加频率满足强迫振动试样的共振频率 f_r 时，对应最高振幅 A_{max}，则该参数可以通过频率对阻尼性能进行表征：

$$Q^{-1} = (f_2 - f_1)/f_r \tag{1-8}$$

式中，f_1 和 f_2 为振动试样振幅-频率谱中半高宽处的频率，如图 1-2 所示。当 $\tan\varphi < 0.1$ 时，则内耗可通过式(1-9)进行表示：

$$Q^{-1} = \tan\varphi = \delta/\pi = \varphi/2\pi \tag{1-9}$$

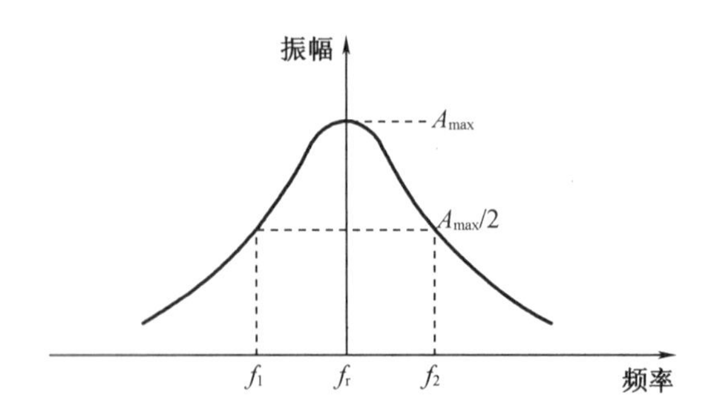

图 1－2　强迫振动中的共振峰示意图

1.3　金属材料的微观组织与阻尼机理

对于振动物体,即使完全隔绝于外界,其振动能也会表现为不断衰减,这种由材料内部原因引起的能量损耗称为内耗。对于金属材料,内耗的形成源于材料内部的晶体缺陷,在振动过程中,晶体缺陷运动引起材料的滞弹性变形,并在此过程中克服内摩擦力做功,导致应变落后于应力,从而将振动能转换为热能耗散。应变落后于应力的表现形式是弛豫谱,它将内耗通过应变、频率和温度等参量函数直观地表示出来,得到一系列分立或连续的谱线,而这些谱线的产生和变化是金属材料内部晶体缺陷运动的结果。因此,对于金属材料的内耗,通过研究弛豫谱曲线的产生和变化,得到金属材料内部晶体缺陷的运动情况,进而阐明其微观机理。

1.3.1　弛豫谱

弛豫过程产生的条件是基于应力作用,但其影响因素很多。弛豫过程主要由材料在整个过程中所经历的时间(弛豫时间)决定。对于固定材料,弛豫时间 τ 为常数,因此,要找到一系列满足 $\omega\tau=1$ 的内耗峰,只需测量不同振动频率 ω 下的阻尼值。这些内耗峰最后形成一系列对弹性应力波的吸收谱,这些谱线类似于光谱,称为该材料的弛豫谱。

弛豫过程满足阿伦尼乌斯(Arrhenius)方程,通常该过程是以原子扩散的方式实现的,而只有在高温条件下,原子扩散才能获得足够的动能,因此弛豫时间与温度的关系为

$$\tau=\tau_0 e^{H/RT} \tag{1-10}$$

式中　H——扩散激活能,J;

R——气体常数;

τ_0——指前因子;

T——绝对温度,K。

式(1－10)对材料阻尼性能的研究具有十分重要的指导价值。由式(1－10)可知,当温度 T 发生变化时,ω 随之改变,分析 T 和 $\omega\tau$ 之间的关系,能够估算出 $Q^{-1}-T$ 和 $Q^{-1}-\ln(\omega\tau)$ 曲线的走势十分接近。对于 $Q^{-1}-T$ 曲线,T_1 和 T_2 两个峰值温度对应的频率 ω_1 和 ω_2 的关系

满足 $\omega_1\tau_1 = \omega_2\tau_2 = 1$，进而推导出其扩散激活能的表达式为

$$H = \frac{RT_1T_2}{T_2 - T_1}\ln\frac{\omega_2}{\omega_1} \tag{1-11}$$

1.3.2　点缺陷引起的内耗

在晶格振动理论中，金属中的原子均在其平衡位置附近振动。当金属中的部分原子获得较高能量时，它们会摆脱其他原子的束缚，运动到界面，并在原有位置产生空位。如原子进入晶体间隙，则此时就会出现空位和自间隙原子。此外，对于合金而言，溶质与溶剂原子的差异导致形成置换原子缺陷。在原子扩散时，外应力场所产生的作用会使点缺陷重新分布，在这一弛豫过程中，就会出现弛豫阻尼。由于这部分原子所占比例较小，对于整个材料阻尼性能，点缺陷的影响不大，因此一般忽略不计。

1.3.3　位错引起的内耗

对于金属的阻尼性能，线缺陷在原子二维方向产生影响，其一般以位错的形式存在。ADI 的高阻尼性能与其密切相关，位错对金属阻尼的影响机理如下。

（1）低温位错弛豫型阻尼

在体心、面心和密排六方等金属晶体中，其德拜温度约 1/3 处会出现一个较高的内耗峰，这一现象由波多尼首次发现，因此被命名为波多尼峰。

Seeger 分析认为，在晶体中，与密排方向平行的位错所引起的弛豫过程是波多尼峰产生的因素，而弯结理论则是解释波多尼峰最受认可的理论，"弯结对"原理示意图如图 1-3 所示。

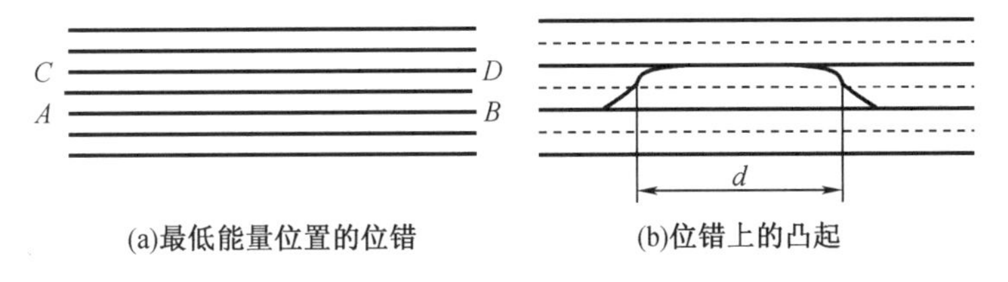

(a)最低能量位置的位错　　(b)位错上的凸起

图 1-3　"弯结对"原理示意图

在图 1-3 中，实线代表 Peierls 能谷，是晶格密排方向上所对应的能量最低点。当原子处于热激活状态时，在 Peierls 能谷上的位错会产生由一对弯结组成的凸起。当外应力为零时，在引力的作用下，小凸起会逐渐消失。当外应力大于零时，则其中的"弯结对"存在临界距离 d。当"弯结对"距离小于 d 时，在引力的作用下"弯结对"消失；当"弯结对"距离大于 d 时，则"弯结对"在斥力作用下分离，此时就出现了位错沿垂直自身方向的运动，从而使滑移面扩大，产生位错应变，而内耗则是由于凸起形成所产生的，所以叫作"弯结对"理论。

（2）位错钉扎内耗

位错内耗源于外应力引起的位错运动，根据与应变振幅的关系，其可分为如下两类：

①与振幅无关的共振型内耗。在位错线上，杂质原子钉扎位错产生振动端点，位错线

在两端点间进行往复运动,不发生脱钉现象,则此时产生与振幅无关的共振型内耗。

②与振幅有关的静滞后型内耗。位错振动时,出现脱钉现象,但此时位错仍处于位错网格中,则产生与振幅有关的静滞后型内耗。

在阻尼测试过程中,上述两类内耗往往同时出现。通常在应变振幅增大的同时,内耗类型也随之发生改变,从应变振幅较小时的共振型内耗逐渐转变为“共振 + 静滞后”型内耗。在中低温度范围内($T<0.3T_m$,T_m 为峰值温度),位错内耗对材料的阻尼均有一定贡献,该现象与内耗峰无关,叫作背景内耗。对于位错内耗,通常利用 G－L(Granato－Lücke)位错钉扎模型进行分析,如图 1－4 所示。假设金属晶体内存在一段长度为 L 的位错线,其被若干点缺陷钉扎,两个点缺陷间的距离为 L_C。在交变应力作用下,位错线以点缺陷为端点做往复运动。当交变应力较小时,位错线运动幅度较小;随着交变应力的增加,位错线运动幅度逐渐增大;当交变应力增加到一定值时,位错线摆脱点缺陷钉扎发生脱钉现象。此时,位错线继续在位错网格中运动,长度为 L_N。位错线摆脱点缺陷钉扎前产生的内耗为与振幅无关的共振型内耗;位错线脱钉后产生的内耗则为与振幅有关的静滞后型内耗。

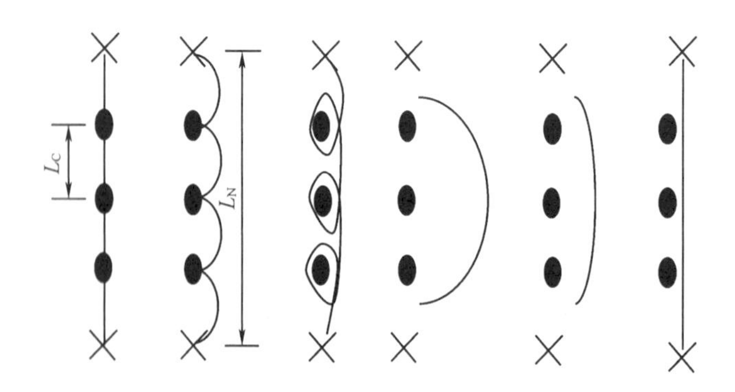

图 1－4　G－L 位错钉扎模型示意图

对于和振幅无关的缩减量,假设内耗为 ε_I,对于和振幅有关的缩减量,则假设内耗为 ε_H,则总的缩减量为

$$\varepsilon=\varepsilon_I+\varepsilon_H \tag{1-12}$$

①与振幅无关的内耗 ε_I

当振动频率较低时($\omega\ll\omega_0$),位错线振动形成弛豫型阻尼,通过溶质原子对应分布函数可得

$$\varepsilon_I=\frac{120\omega\Omega q}{\pi^2 C}\rho L^4 \tag{1-13}$$

$$\frac{1}{L}=\frac{1}{L_N}+\frac{1}{L_C} \tag{1-14}$$

式中　ω——振动角频率,rad/s;

Ω——取向因子,考虑到滑移面上分解应力小于外加纵向应力而引入;

q——阻尼系数;

C——形状因子;

ρ——位错密度，cm^{-2}；

L——位错钉扎的平均距离，cm；

L_N——位错网格节点之间的平均距离，cm；

L_C——位错弱钉扎点之间的平均距离，cm。

②与振幅有关的内耗 ε_H

由 G－L 模型可知，ε_H 的存在是由位错线脱钉、回缩所带来的静滞后现象造成的，而在脱钉前后，其对应的分布函数是不同的，因此，与振幅有关的内耗计算公式可以表示为

$$\varepsilon_H = \lambda_1 \frac{qL_N^3}{\varepsilon_0 L_C^2} \exp\left(-\frac{\lambda_2}{\varepsilon_0 L_C}\right) \tag{1-15}$$

式中 $\lambda_1 = \Omega\lambda_2/\pi^2$；

$\lambda_2 = \varphi\mu b$（φ 为位错脱钉应力因子，μ 为系统内原子错配参数，b 为位错的伯格斯矢量）；

ε_0——应变振幅；

L_N——位错网格节点间距离的平均值；

L_C——位错弱钉扎点间距离的平均值。

1.3.4 界面引起的内耗

对于晶体而言，其界面的原子排列与理想晶体内部的原子排列存在差异。而对于固体材料，其界面主要分为三类：表面、晶界和相界。三种界面在特定条件下均会形成内耗源，从而影响材料的阻尼性能。

（1）表面引起的阻尼

对于一些多孔材料和致密度较低的复合材料，由于其基体内部存在大量的孔隙，且存在较多的空气/基体表面，把由这部分表面引起的阻尼称为表面引起的阻尼。但由于这部分阻尼远小于由晶界和相界引起的阻尼，因此其通常忽略不计。

（2）晶界引起的阻尼

在振动过程中，多晶体金属内部的晶界会发生滑移。由于晶界结构并非几何面而是具有一定厚度的（2～3 个原子直径），因此晶界滑移是一种黏滞行为，该过程属于弛豫过程，其能量转换方式为晶界间切应力的机械能转换为热能。考虑一个有效厚度为 d 的晶界，它本身的黏滞系数可表示为

$$\eta = s/(v/d) \tag{1-16}$$

式中 s——切应力；

v——晶界两侧的相对位移速率。

令 Δx 表示在弛豫时间 τ 内晶粒间晶界滑移的距离，那么

$$v \approx \Delta x/\tau \tag{1-17}$$

晶界滑移所产生的应变 $\varepsilon \approx \Delta x/l$，$l$ 为总的滑移距离，以等轴晶为例，l 近似地等于平均晶粒度（$G.S.$）。那么晶界两边两个晶粒的弹性应变为

$$\varepsilon \approx s/G(T) \tag{1-18}$$

其中，$G(T)$ 为切变模量。由于弹性应变必须等于晶界滑移产生的应变，所以

$$\Delta x/(G.S.) = s/G(T) \tag{1-19}$$

又因为 $v \approx s(G.S.)/[G(T)\tau]$，则有

$$\eta = G(T)\tau d/(G.S.) \tag{1-20}$$

由式(1-20)可知，晶界黏滞系数与温度、晶粒度和应力状态等有关。同时，当温度较高时，晶界处于热激活状态，晶界滑移耗能更多，晶界阻尼效果更显著。

(3)相界引起的阻尼

金属材料在制备和热处理过程中存在不同的相变过程，从而形成不同的相。根据相所存在的结合力，界面可划分为强、弱结合界面两类。

根据 Schoeck 理论，强结合界面的阻尼主要源于滞弹性应变，而滞弹性应变的产生与界面弛豫和界面附近位错密切相关，界面阻尼如下：

$$Q^{-1} = \frac{8(1-\nu)}{3\pi(2-\nu)Vp_{i3}^2}\sum a_{i3}^3(p_{i3}^2)_i \tag{1-21}$$

式中 p_{i3}——外切应力；

ν——泊松比；

V——试样体积；

a_i——椭球形的半径；

$(p_{i3})_i$——p_{i3} 在椭球形可松弛面上的应力分量。

对于球形颗粒，当粒径相差不多时，界面切应力相同，应力集中系数为 1.5，则式(1-21)转换为

$$Q^{-1} = \frac{4.5(1-\nu)}{\pi^2(2-\nu)}V_p \tag{1-22}$$

式中 ν——泊松比；

V_p——增强体的体积分数。

对于弱结合界面，由于增强体与基体热膨胀系数的差异，在交变应力作用下，当界面的切应力大于滑移摩擦力时，界面发生滑移。此时，界面滑移摩擦所消耗的能量成为界面阻尼的主要来源。界面阻尼可表示为

$$Q^{-1} = \frac{3\pi\mu\sigma_d E(\varepsilon_0 - \varepsilon_m)}{2\sigma_0^2}V_p \tag{1-23}$$

式中 μ——基体与增强体间的摩擦系数；

σ_d——外应力为 σ_0 时的径向应力；

E——弹性模量；

ε_0——外应力 σ_0 对应的应变；

ε_m——临界界面应变；

V_p——增强体的体积分数。

对于弱结合界面，假设 $\varepsilon_m \ll \varepsilon_0$，则

$$Q^{-1} = \frac{3\pi}{2}C\mu K V_p \tag{1-24}$$

式中 $K = \sigma_d/\sigma_0$；

C——形状因子。

1.4 ADI的发展历程及研究现状

1.4.1 ADI的发展历程

20世纪美国钢铁公司在研究钢的冷却工艺时,发现了针状铁素体+碳化物的组织,并把该工艺称为“等温淬火”。随着球墨铸铁工艺的进一步发展,20世纪70年代,芬兰Karkkila铸造厂的M. Johanson首先将钢中的“等温淬火”工艺应用于球墨铸铁,并于1977年成功研制出贝氏体组织的球墨铸铁。因其微观组织与钢中的奥氏体+贝氏体组织十分相似,故将等温淬火球墨铸铁也称为“奥贝球铁”。

随着工业化进程的加快,材料的检测技术飞速发展,20世纪90年代,钢铁材料的检测技术也更加成熟。研究者们对等温淬火球墨铸铁的微观组织进行了大量的系统研究,结果表明,其组织为铁素体而非贝氏体。上述结论在之后的大量实验中得到了进一步验证,其理想组织属于“热力学和动力学上稳定的奥氏体+针状铁素体”,因此其改称为“奥铁体”(Ausferrite),也称“等温淬火球墨铸铁”(ADI)。根据塑韧性和强度的不同,ADI可分为硬、半硬、韧三种级别,如表1-1所示。硬型组织主要以下贝氏体铁素体(B)为主,同时伴有少量马氏体(M),其特点是强度大,但塑韧性较低;与之相反,韧型组织则具有较好的塑韧性,这主要与其基体组织为上贝氏体铁素体+奥氏体(Ar)有关;而半硬型组织则以下贝氏体铁素体为主,其强度和塑韧性均较高。

表1-1 ADI的分类

级别	硬度(HBW)	抗拉强度Rm/MPa	屈服强度Rp0.2/MPa	伸长率A/%	等温淬火温度/℃	微观组织	合金元素	采用国
硬	430~530	1 300	1 000	0.5	<250	下B+少M	Mn	美国
半硬	350~430	1 200	800	2	270~330	下B	Mn、Cr、Ni、Mo	中国
韧	280~350	850	580	5	>350	上B+Ar	Cr、Ni、Mo	芬兰

欧美国家及日本等通过对ADI的力学性能指标进行分级得到了相应牌号。目前广泛使用的是美国材料试验学会于2006年制定的标准《等温淬火球墨铸铁件标准规范》(ASTM A897/A897M—2006),如表1-2所示。

表1-2 美国材料试验学会标准

等级	牌号$\sigma_b-\sigma_{0.2}-\delta$	抗拉强度σ_b/MPa	屈服强度$\sigma_{0.2}$/MPa	伸长率δ/%	冲击韧度J/cm^2	典型硬度(BHN)
0	750-500-11	786	515	14	130	170
1	900-600-09	966	759	11	120	302

表 1-2(续)

等级	牌号 $\sigma_b-\sigma_{0.2}-\delta$	抗拉强度 σ_b/MPa	屈服强度 $\sigma_{0.2}$/MPa	伸长率 δ/%	冲击韧度 J/cm^2	典型硬度(BHN)
2	1050-750-07	1 139	897	10	120	340
3	1200-850-04	1 311	1 104	7	93	387
4	1450-1000-02	1 518	1 242	5	80	418
5	1600-1300-01	1 656	1 449	3	53	460

1.4.2 等温淬火热处理工艺

球墨铸铁等温淬火的一般工艺过程为:将球墨铸铁加热到 Ac_1 温度以上 30~50 ℃,并保温一定时间,将其取出迅速淬入熔融的盐浴中,保温一段时间后取出空冷。ADI 的等温转变过程如下:铁素体会在奥氏体晶界处形核,伴随着奥氏体的分解,铁素体不断长大;碳原子不断向奥氏体中扩散。当奥氏体中的碳原子富集到一定程度时,奥氏体较为稳定且不会发生分解,此时若是球墨铸铁温度冷却到室温,奥氏体也不会转变为马氏体,得到的组织即为理想的组织:针状铁素体+高碳残余奥氏体+石墨。

在传统的单步等温淬火工艺条件下,ADI 的强度和韧性难以兼顾。Pereloma 等在 340 ℃温度下进行等温淬火,ADI 的抗拉强度高达 1 023 MPa,但冲击功仅为 67 J,伸长率也仅有4.53%。这是由于低温等温淬火时得到的铁素体晶粒细小而残余奥氏体含量较低(仅为 19%),ADI 强度高,但韧性、塑性低。刘金城等发现,在 400 ℃温度下进行等温淬火,ADI 的抗拉强度仅为 808 MPa,但冲击功和伸长率却分别达到 105 J 和 9.78%。这是由于在高温等温淬火过程中会得到含碳量低且体积比高的残余奥氏体以及粗大的铁素体组织,导致材料强度较低,塑性、韧性较高。因此,通过探索新的等温淬火工艺,获得高强度,高塑性、韧性的 ADI 成为研究者们的共同目标,两步等温淬火工艺应运而生。

Bayati 等开展了单步和分级等温淬火处理的对比试验。单步等温淬火工艺将奥氏体化后的球墨铸铁在400 ℃温度下等温2 h;经分级等温淬火工艺将奥氏体化后的球墨铸铁先在 400 ℃温度下等温 2 h,随后再在 285 ℃温度下等温 1.5~4 h。结果表明,经分级等温淬火工艺处理的 ADI 抗拉强度为 970 MPa,伸长率为 7.5%,冲击功为 150 J;而经单步等温淬火工艺处理的 ADI,抗拉强度为 770 MPa,伸长率为 2.5%,冲击功为 40 J。上述结果表明分级等温淬火工艺确实有利于强度及韧性的同时提升。

与上述试验过程相反,Putatunda 在试验中采用先低温后高温的分级淬火工艺。相较于单步等温淬火工艺,这种反向操作所得到的 ADI 在断裂韧性、力学性能和疲劳裂纹扩展抗性方面,都有了较大的提升。因为经过低温处理,贝氏体形核加快,而之后经过高温处理,则加快了碳原子的扩散,因此残余奥氏体含量增加,且基体组织显著细化,最终 ADI 的力学性能得到大幅提升。

除等温淬火温度外,等温淬火时间也会影响 ADI 的力学性能。本课题组的赵月、刘岩等对比研究了一步等温淬火时间(5~25 min)和二步等温淬火时间(30~70 min)对两步法

ADI 力学性能的影响。研究发现，随着一步等温淬火时间的延长，ADI 的抗拉强度先升高后降低，从 5 min 时的 1 250 MPa 升至 15 min 时的 1 310 MPa，但最终降至 25 min 时的 1 270 MPa。而 ADI 的伸长率则逐渐降低，从 5 min 时的 12.9% 降至 25 min 时的 7.5%。随着二步等温淬火时间的延长，抗拉强度变化不大，但伸长率显著降低。

虽然两步法 ADI 的力学性能得到了大幅提升，但热处理工艺、微观组织和力学性能三者的关系并未得到系统阐释。此外，上述研究均局限于热处理工艺对微观组织及力学性能的影响，并未涉及阻尼性能。

1.4.3　ADI 的微观组织及力学性能

材料的微观组织决定其性能。ADI 的微观组织由球状石墨和基体组成，基体又由针状铁素体和残余奥氏体组成。这种微观组织决定了 ADI 独特的力学性能，使其可以同时具有高强度与高塑性、韧性。

ADI 的力学性能受石墨形态影响较大。ADI 中石墨的理想状态是圆整、均匀、细小，但在实际生产中，往往会出现团状甚至蠕虫状石墨。蠕虫状石墨会导致材料内部形成裂纹源，使材料的强度降低。相对于球状和团状石墨，蠕虫状石墨会使 ADI 的强度显著下降，尤其是对于分布聚集的蠕虫状石墨，在材料受到外加拉应力时，其基体中的石墨会相互连接，从而产生较大裂纹，导致材料力学性能降低。常温下，蠕虫状和团状石墨混合出现时，ADI 的抗拉强度明显升高；而在高温条件下，球状石墨的抗拉强度明显好于蠕虫状石墨。对于 ADI 的塑性而言，石墨形态对 ADI 的伸长率有较大影响。球化效果越好，ADI 的塑性越高。这是由于蠕虫状石墨会割裂基体，在载荷作用于材料时，蠕虫状石墨尖角处会发生应力集中，使微裂纹加速扩展，从而降低了材料塑性；而球状石墨对基体的割裂作用较小，因此材料塑性较高。同时，石墨对 ADI 的自润滑特性具有重要贡献，石墨的存在能够显著降低其与基体间的摩擦系数，从而实现 ADI 耐磨性的提升。此外，石墨的存在大大提高了 ADI 的阻尼性能。一方面，石墨的微观组织为疏松的片层状结构，在振动中片层间发生相对运动，将振动能转换为机械能，并最终转换为热能耗散；另一方面，石墨与基体间的结合力较弱，在较小的应力作用下即可发生石墨/基体界面的滑移，从而消耗振动能。

ADI 的基体组织由针状铁素体和残余奥氏体组成，细小的铁素体片和薄膜状的残余奥氏体交替重复排列。这种独特结构使 ADI 的耐磨性显著提高。此外，铁素体内存在大量位错，这些位错的交互作用，使位错运动受到极大限制，产生位错强化；同时，ADI 基体晶粒又十分细小，产生细晶强化。在两种强化机制的共同作用下，ADI 具有较高的强度和硬度。在变形断裂时，由于高碳残余奥氏体存在于基体组织中，因此，在这一过程中会出现非常大的加工硬化，使 ADI 的强度、硬度进一步提高。此外，在拉应力作用下，当残余奥氏体的变形量较大时，会产生形变诱发马氏体相变（TRIP 效应），导致其塑性提高。ADI 的高强度、硬度和高耐磨性，导致其加工性能较差，因此在对其进行加工时，必须采用硬质合金刀具。同时，ADI 在切削时，若切削速度较快且深度小，则会发生马氏体相变，使其加工性能进一步降低，表面质量也随之变差。

综上所述，在石墨和基体的共同作用下，ADI 的力学性能得到显著提升，且大量研究已初步查明石墨和基体对 ADI 力学性能的影响规律，但石墨和基体对 ADI 阻尼性能的影响规律尚不明确。

1.4.4 ADI 的阻尼性能研究现状

目前,关于 ADI 阻尼性能及机理的研究还鲜有报道。仅有 Kang 等研究了单步等温淬火温度和时间,以及深冷处理温度和时间对 ADI 阻尼性能的影响。研究发现,相较于铸态试样,ADI 的阻尼性能显著提高,这是由于在振动过程中,ADI 中石墨和铁素体组织之间的界面发生塑性变形,同时残余奥氏体的形成导致基体内残余奥氏体/铁素体界面面积的大幅增加,在二者的共同作用下,振动能被大量消耗。研究还发现,ADI 的阻尼性能随等温淬火温度(350 ~550 ℃)和时间(10 ~120 min)的改变而改变,这主要与振动过程中石墨/基体界面发生塑性变形以及与软韧相奥氏体吸收振动能有关。此外,随着深冷处理温度的降低(−40 ~ −196 ℃),ADI 的阻尼性能提升。这是由于低温下残余奥氏体发生马氏体相变,而马氏体的形成使材料内部产生大量层错和孪晶,增加了基体内的相界面面积,在振动过程中,界面滑移耗能增加,阻尼性能提升。此外,本课题组的刘晓宇和段雪峰等研究了炉前处理工艺和正火、退火、淬火 + 低温回火及单步等温淬火等热处理工艺对 ADI 阻尼性能的影响。研究发现,当应变振幅为 5×10^{-4}时,一次孕育剂、二次孕育剂和球化剂的加入量分别为 1.0% ~1.5%、0.2 % 和 1.1% ~1.5 % 的 ADI 阻尼性能较好,内耗值大于 0.018。当应变振幅较低时($<5\times10^{-4}$),同一热处理工艺下,各试样的阻尼性能相差不大,且内耗值均随应变振幅的增加而增大。

Carpenter 等对球墨铸铁的阻尼性能进行了研究,发现基体内的位错运动对阻尼性能的提升有一定贡献,且其阻尼性能和断裂韧性没有明显的联系。张志坤、施瑞鹤等研究了球墨铸铁的阻尼减振性能,发现球墨铸铁的基体组织是影响其阻尼性能的重要因素,基体中的铁素体含量越高,其阻尼性能越优异;当基体组织全部为铁素体时,其阻尼性能最佳。同时研究还发现,球墨铸铁的石墨形态、数量、分布等都是影响其阻尼减振性能的因素。司乃潮等将含 ADI 材料的齿轮应用在了柴油机上,与调质钢齿轮柴油机相比,其运转时的噪声明显降低,其整机噪声降低 1.92 dB,齿轮侧噪声降低 5.3 dB。以上研究结果表明,对于球墨铸铁而言,热处理对阻尼性能的提升是通过改变基体组织和石墨形态、数量、分布来实现的。虽然 ADI 与球墨铸铁的组织都是由石墨和基体组成的,但是它们的基体组织存在较大差异。因此,球墨铸铁阻尼性能及机理的研究方法和思路虽然对 ADI 有一定的借鉴意义,但其阻尼影响机理不能移植到 ADI 上来。

综上所述,目前见诸报道的关于 ADI 阻尼性能的研究均局限于单步等温淬火工艺,并未涉及两步等温淬火工艺,且 ADI 微观组织对阻尼性能的影响规律及机理尚不明确。此外,上述研究仅就应变振幅对 ADI 阻尼性能的影响进行了介绍,而工作条件中比较重要的频率和温度等因素对阻尼性能的影响未见报道,研究缺乏系统性。因此,查明 ADI 阻尼性能的影响因素并揭示其机理,为扩大 ADI 在新能源汽车等行业传动部件上的应用提供学术理论依据,是一项创新性工作,具有重要的学术理论价值。

1.4.5 ADI 的应用

当前,ADI 已应用于汽车、农业机械、化工、交通运输、矿山、建筑等行业,主要表现为以

下几个方面:

(1)ADI 齿轮

齿轮是国内外最先试制成功并应用 ADI 的零件之一。齿轮失效的主要原因是齿根疲劳断裂、齿面剥落及磨损,而 ADI 的接触疲劳强度高达 1 400 ~ 1 600 MPa,明显高于铸钢、锻钢及调质合金钢,其经过喷丸或圆角滚压强化后还可增大表面压应力,从而提高齿根的弯曲疲劳强度,具有优良的断裂韧性和耐磨性,可以有效延长齿轮的使用寿命。与传统的渗碳钢齿轮相比,ADI 齿轮的密度低、机械加工效率高、制造成本低。此外,ADI 微观组织中独特的球状石墨 + 贝氏体组织可有效降低设备运行时的振动及噪声,增强设备运行的平稳性。

中国一拖集团有限公司生产的拖拉机 ADI 被动圆柱齿轮,取代原 20CrMnTi 渗碳钢齿轮,其抗拉强度超过 1 095 MPa,伸长率大于 7.4%,硬度 31HRC。SEW – 传动设备公司生产的大型造纸机械的 ADI 齿轮、多种行星齿轮箱的 ADI 内齿圈、煤炭机械及榨糖机械的大型 ADI 内齿圈,铸件尺寸最大达 2.9 m,单件最重达 1 850 kg,年产量超过 1 000 t。

(2) ADI 汽车底盘零件

汽车底盘零件是汽车上的重要结构件,其服役条件恶劣,需要在高温或低温下承受变化较大的动载荷,要求其具有较高的强度(抗拉压和疲劳强度)、良好的塑性和韧性,失效方式必须是韧性断裂,不允许发生脆性断裂,使用应安全可靠。同时,随着人们对汽车舒适度要求的不断提高,减振降噪也成为汽车底盘零件的重要指标。传统的汽车底盘零件材料多选用高韧性球墨铸铁、碳钢或低合金钢。而综合性能优异的 ADI 材料强度高,耐磨性、抗疲劳性、减振性及断裂韧性好,密度小于钢,运动副噪声低,制造能耗低,成本低,是中、重型汽车底盘零件的理想材料。中国第一汽车集团有限公司生产的 CA141 货车后拖钩上的 ADI 支承座衬套已装车数百万件,16 t 重型货车的 ADI 后钢板弹簧支架已装车近百万件,另外其还生产 60 t 自卸车 ADI 前桥、转向节及轮毂等。东风汽车集团有限公司研制的高机动性能越野车底盘悬架类零件在改用 ADI 材料时进行了结构优化设计,其总重由 630.62 kg 减小到 380.66 kg,减重率达 39.6%。

(3) ADI 铁道车辆零件

恒基机械铸造有限公司研制的高铁机车制动系统 ADI 制动双支臂及制动杆,其抗拉强度超过 1 050 MPa,伸长率大于 11%,硬度 302HB,已应用于高铁机车的制动系统。

(4)ADI 曲轴

发动机的曲轴材料要求具有高强度、高韧性和高耐磨性,以保证车辆运转的安全性。国外已广泛应用 ADI 曲轴,以取代原碳钢及珠光体球墨铸铁曲轴。我国的南京理工大学、大连船用柴油机有限公司、滨州海得曲轴有限责任公司、东风朝阳柴油机有限责任公司、淮海工业集团有限公司、中国第一汽车集团有限公司等对多缸发动机 ADI 曲轴进行了大量的研发工作,已完成性能试验、台架试验。研发的 ADI 曲轴性能指标达到或超过设计要求,远优于珠光体球墨铸铁曲轴。其中,南京理工大学以高韧性 ADI 代替合金钢生产的轿车发动机 368Q 三拐曲轴,抗拉强度超过 940 MPa,伸长率大于 11.5%,冲击功大于 126 J,台架试验安全系数为 1.7,高于低合金锻钢曲轴(安全系数为 1.6)。

(5)ADI 耐磨件

ADI 具有良好的耐磨性能,被广泛应用于冶金、矿山、煤炭、建筑等行业。ADI 耐磨件比原淬火碳钢件、低铬或高铬铸铁件的磨耗少、寿命长、成本低,且产量较大。但是,在“碳达峰”与“碳中和”的大背景下,这类产品的比例呈逐年降低的趋势。

随着汽车及高铁行业的蓬勃发展,ADI 零件的需求量必将不断增加。同时,在高安全性、高舒适性的需求牵引下,相关行业对 ADI 力学及阻尼性能的要求也将不断提高。因此,开发出高强度、高韧性、高阻尼的 ADI 具有十分重要的意义。两步法 ADI 能够同时满足高强度、高韧性的要求,但其阻尼性能的影响因素和机理尚不明确。本书通过调控 ADI 的微观组织,建立微观组织与阻尼性能之间的联系,进而揭示基体组织对 ADI 阻尼性能的影响机理,具有十分重要的学术和应用价值。

1.5 主要研究内容

本书以两步法 ADI 为对象,研究石墨形态和数量、基体组织及喷丸处理对其阻尼性能的影响并揭示其机理;基于分数导数模型,考虑阻尼动态损耗因子与频率、温度和应变振幅的关系,建立 ADI 的阻尼性能关于上述变量的数学模型,对 ADI 的阻尼性能进行科学预报。具体研究内容如下:

(1)研究石墨形态与数量对 ADI 力学及阻尼性能的影响,查明石墨形态和数量与 ADI 力学及阻尼性能的关系,揭示石墨形态与数量对 ADI 阻尼性能的影响机理。

(2)研究等温淬火温度和时间对两步法 ADI 中铁素体、残余奥氏体形态及含量的影响,并建立基体组织与 ADI 力学及阻尼性能之间的联系,揭示基体组织对 ADI 阻尼性能的影响机理。

(3)研究喷丸处理对 ADI 阻尼性能的影响,揭示喷丸处理对 ADI 阻尼性能的影响机理。

(4)基于分数导数模型,建立阻尼性能关于振动频率、温度和应变振幅的数学模型,对 ADI 的阻尼性能进行科学预报。

第 2 章　试验材料、方案与测试方法

2.1　试验材料

2.1.1　试验材料及化学成分

(1)合金熔炼原材料:本溪 Q10 生铁、75Si－Fe、纯铜、45#钢、锰铁、稀土镁球化剂。对其配比进行计算后,得到 ADI 对应的化学成分(表 2－1)。

表 2－1　ADI 对应的化学成分

化学成分	C	Si	Mn	Cu	P	S
含量(wt%)	3.6	2.5	0.4	1.4	≤0.05	≤0.03

(2)造型所需材料:酚醛树脂、硅砂及固化剂。

2.1.2　熔炼及炉前处理工艺

使用 GWJ－0.25 型中频感应电炉进行熔炼,球化及孕育处理温度为 1 500 ℃,测温后出炉,采用包内冲入法进行球化处理,一次孕育剂加入量为 1.0%,球化处理后向包内加入集渣剂后进行扒渣。使用 75Si－Fe 进行二次孕育,二次孕育剂加入量为 0.2%,测温后进行浇铸。

2.2　试验方案

(1)石墨形态及石墨球数量对两步法 ADI 力学及阻尼性能的影响

本书通过改变球化剂加入量调控石墨形态,从而考察石墨形态对 ADI 力学及阻尼性能的影响。ADI 中石墨形态的调控方案如表 2－2 所示。

表 2-2　ADI 中石墨形态的调控方案

试样编号	含量(wt%)		
	球化剂	一次孕育剂	二次孕育剂
M1	0.5	1.0	0.2
M2	1.0		
M3	1.5		

本试验采用 Y 形试块,通过改变铸件壁厚调控石墨球数量,考察石墨球数量对 ADI 力学及阻尼性能的影响。试验选取球化效果良好的球化孕育处理工艺,采用铸件壁厚为 ϕ30、ϕ70 和 ϕ150 的圆柱试样,ADI 中石墨球数量的调控方案如表 2-3 所示。

表 2-3　ADI 中石墨球数量的调控方案

试样编号	铸件壁厚/mm	含量(wt%)		
		球化剂	一次孕育剂	二次孕育剂
N1	150	1.5	1.0	0.2
N2	70			
N3	30			

上述各组试样均采用相同的两步等温淬火工艺进行处理,并将热处理工艺固定为奥氏体化温度 900 ℃,奥氏体化时间 90 min;一步等温淬火温度 280 ℃,一步等温淬火时间 15 min;二步等温淬火温度 320 ℃,二步等温淬火时间 40 min,以此保证各组试样的基体组织相当。

(2)基体组织对两步法 ADI 力学及阻尼性能的影响

两步法 ADI 热处理工艺路线示意图如图 2-1 所示。

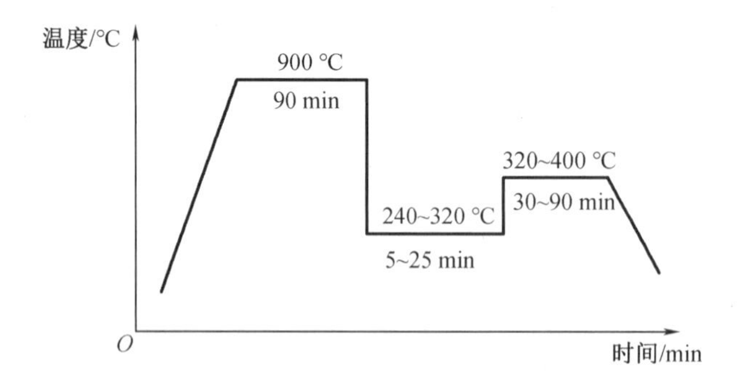

图 2-1　两步法 ADI 热处理工艺路线示意图

本试验选取球化效果良好的、球化剂加入量为 1.5% 的工艺浇铸 Y 形试块;通过调控两步等温淬火的温度和时间,获得具有不同铁素体和奥氏体含量、形态的 ADI 试样,进而研究基体组织对 ADI 力学及阻尼性能的影响。所有试样使用 RJM-1.8-10A 型箱式电阻炉进行奥氏体化处理，随后在盐浴炉中进行等温淬火处理，盐浴介质为 50% KNO_3 +50% $NaNO_2$。热处理工艺参数如表 2－4 所示。

表 2－4　热处理工艺参数

编号	一步等温淬火温度/℃	一步等温淬火时间/min	二步等温淬火温度/℃	二步等温淬火时间/min	奥氏体化温度/℃	奥氏体化时间/min
L1	240	15	360	40	900	90
L2	260					
L3	280					
L4	300					
L5	320					
L6	280	15	320	40	900	90
L7			360			
L8			400			
L9	280	5	320	40	900	90
L10		10				
L11		15				
L12		20				
L13		25				
L14	280	15	320	30	900	90
L15				50		
L16				70		
L17				90		

（3）喷丸处理对 ADI 组织及阻尼性能的影响

在上述两步等温淬火工艺试样中选取综合性能良好的 L11 试样（一步等温淬火温度 280 ℃，一步等温淬火时间 15 min；二步等温淬火温度 320 ℃，二步等温淬火时间 40 min）。本试验通过改变喷丸时间，获得具有不同微观组织和应力分布的 ADI 试样。喷丸设备采用西北工业大学材料科学与工程学院数控喷丸系统，其气动式喷丸设备如图 2－2所示。本试验利用 ASH230 铸钢丸（直径 0.6 mm）对 ADI 试样进行喷丸处理，弹丸流量 1 kg/min，工作角度 90°，喷头水平运动速度 50 mm/min。喷丸试验参数如表 2－5 所示。

图 2－2　气动式喷丸设备

表 2-5　喷丸试验参数

空气压力/MPa	喷丸时间/min
0.05	5
	10
	15
	20
	25

2.3　测 试 方 法

2.3.1　微观组织观察

本试验使用 Carl Zeiss Axio Vert. 1 A1 型金相显微镜观察两步法 ADI 的石墨形态和基体组织；使用 FEI sirion 型扫描电子显微镜对试样的冲击断口形貌进行观察分析。

观察基体中残余奥氏体与铁素体的微观形貌采用的仪器为 JEM-2100 型透射电子显微镜（TEM）。透射试样采用线切割切出厚度约为 500 μm 的薄片，经机械减薄至 40 μm 左右，随后冲裁成直径为 3 mm 的小圆片，最终使用 Gatan691 型离子减薄仪对薄片进行减薄，减薄电流约为 20 μA，离子枪角度为 3°~6°。

残余奥氏体含量检测采用的仪器为 Rigaka D/max-2600/PC 型 X 射线衍射仪，选用 Cu 靶，扫描电流为 150 mA，电压为 40 kV，步长为 0.02°，速度为 3°/min，范围为 30°~100°。以式(2-1)计算残余奥氏体体积分数：

$$\frac{I_{\gamma\{hkl\}i}}{I_{\alpha\{hkl\}j}}=\frac{R_{\gamma\{hkl\}}X_{\gamma}}{R_{\alpha\{hkl\}}X_{\alpha}} \tag{2-1}$$

式中　$I_{\alpha\{hkl\}j}$和$I_{\gamma\{hkl\}i}$——铁素体和残余奥氏体{*hkl*}面的积分强度；

X_{α} 和 X_{γ}——铁素体和残余奥氏体的体积分数；

$R_{\gamma\{hkl\}}X_{\gamma}$ 和 $R_{\alpha\{hkl\}}X_{\alpha}$——残余奥氏体和铁素体强度因子。

本试验采用铁素体{200}、{211}晶面，残余奥氏体{200}、{220}、{311}晶面衍射数据，对残余奥氏体体积分数进行分析。残余奥氏体内的平均碳含量根据式(2-2)计算：

$$C_{\gamma}=\frac{a_{\gamma}-0.358}{0.44} \tag{2-2}$$

式中　C_{γ}——残余奥氏体内平均碳含量，wt%；

a_{γ}——残余奥氏体晶格常数，nm。

2.3.2　力学性能测试

拉伸试验利用 CSS44300 型电子万能试验机进行，根据《金属材料 拉伸试验 第 1 部分：

室温试验方法》(GB/T 228.1—2021),试验采用圆棒试样,其标距为 35 mm,直径为7 mm,拉伸速度为 4 mm/min。为保证数据准确,减少误差,每组试样均测试 5 次,并计算平均值。拉伸试样示意图如图 2-3 所示。

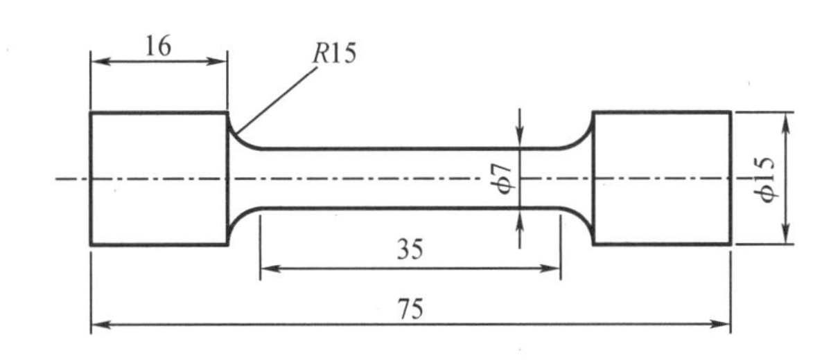

图 2-3　拉伸试样示意图

冲击试验利用 JBN-300B 型半自动冲击试验机进行,根据《金属材料 夏比摆锤冲击试验方法》(GB/T 229—2020),冲击试样尺寸为 10 mm×10 mm×55 mm,无缺口。为保证数据准确,减少误差,每组试样均测试 4 次,并计算平均值。冲击试样示意图如图 2-4 所示。

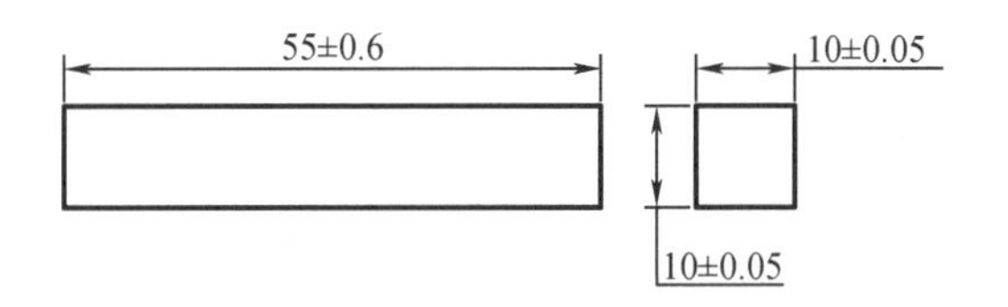

图 2-4　冲击试样示意图

2.3.3　阻尼性能测试

本试验选用美国 TA Instruments 公司生产的 Q800 型动态机械分析仪(图 2-5),以单悬臂梁的强迫非共振方式测定 ADI 的阻尼性能,得到相位角 φ 的正切值 $\tan\varphi$,即阻尼值(内耗 Q^{-1})。

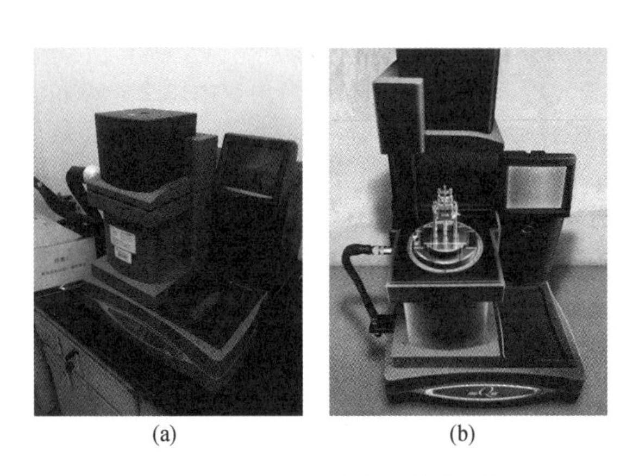

(a)　(b)

图 2-5　Q800 型动态机械分析仪

ADI 的阻尼性能测试包括三部分:阻尼 - 应变谱、阻尼 - 频率谱和阻尼 - 温度谱。其中,阻尼 - 应变谱的测试条件为:振动频率 1.0 Hz,应变变化范围 $0 \sim 5 \times 10^{-4}$,室温。阻尼 - 频率谱的测试条件为:应变 2×10^{-4},振动频率变化范围 1.0 ~ 200 Hz,室温。阻尼 - 温度谱的测试条件为:应变 2×10^{-4},振动频率 1.0 Hz,温度变化范围 50 ~ 300 ℃,升温速率 5 ℃/min。

根据测试设备技术要求,机械加工采用线切割进行,并以砂纸对阻尼试样进行打磨,得到 45 mm × 10 mm × 1 mm 的片状试样,确保其表面光洁且上下面平行,从而保证测试数据的准确性。

2.3.4 残余应力测试

图 2 - 6 所示为 X 射线衍射法测试残余应力原理图。

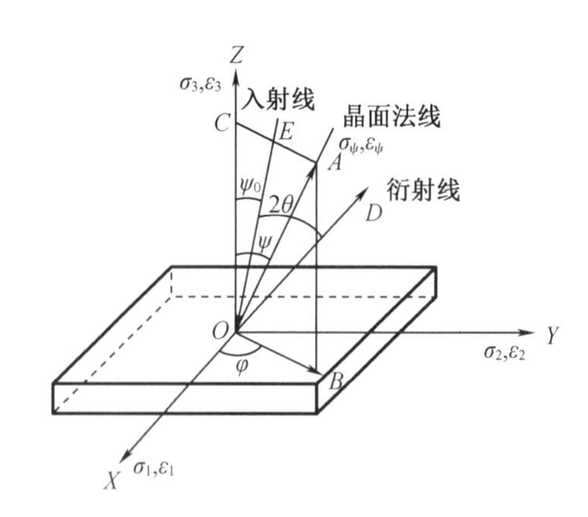

图 2 - 6 X 射线衍射法测试残余应力原理图

在对倾角 ψ 调整的同时,衍射峰位 2θ 随之变化,从而确定 2θ 值。在无应力情况下,理想多晶体的各个同族晶面间距是一致的,而当应力出现时,应力相对取向的变化会使得晶面间距 d 改变,而通过布拉格定律可知,此时的衍射角 2θ 也同样发生变化。根据弹性力学原理以及布拉格定律进行宏观平面应力和应变关系的推导,其平面应力公式为

$$\sigma = -\frac{E}{2(1+\nu)}\cot\theta_0 \frac{\pi}{180} \cdot \frac{\partial(2\theta_\psi)}{\partial(\sin^2\psi)} \tag{2-3}$$

式中,θ_0 和 θ_ψ 分别是无应力和有应力时的布拉格角。由图 2 - 6 可得 X 射线衍射所对应的几何关系。扫描平面由晶面法线 OA 以及相应的衍射线和入射线确定,ψ_0 是试样表面法线和入射线的夹角。2θ 是入射线 OE 和衍射线 OD 的夹角,即衍射角,它是残余应力测试过程中最重要的参数。在进行实测时入射线波长以及(hkl)衍射面均固定不变,而 $-E/2(1+\nu)\cot\theta_0(\pi/180)$ 为应力常数,一般表示为 K。则式(2 - 3)是直线方程,斜率为 $\partial(2\theta_\psi)/\partial(\sin^2\psi)$,一般表示为 M。因此,对式(2 - 3)进行简化:

$$\sigma = KM \tag{2-4}$$

式中 K——材料的应力常数,可通过查表确定。

在本试验中,利用 X 射线衍射应力分析仪进行残余应力测试,并以固定 ψ_0 法进行扫描,其中 ψ_0 取 0°、15°、30°、45°,衍射峰的确定则使用半高宽法,其余条件是:取 Cu(Kα)靶

辐射，管电流 30 mA，管电压 40 kV，光束为平行光束，光束面积 $2\times2\ mm^2$。依据何家文等的《材料中残余应力的 X 射线衍射分析和作用》附表，本试验的衍射晶面为(211)，其应力常数 K 取 −318 MPa/(°)。

测试表面残余应力时，利用剥层法获得残余应力沿深度的变化情况。剥层处理利用 XF−1型电解抛光机，以 20 μm 作为一个层深进行电解抛光，剥层厚度分别取 0 μm,20 μm,40 μm,…,220 μm。电解液配方为：无水乙醇 + 高氯酸 + 水，对应体积分数的配比为 80%∶8%∶12%。

2.3.5　喷丸试样表面粗糙度测试

从微观结构特征角度对表面粗糙度进行分析可知，试样表面存在许多间距非常小的谷和峰，以此作为反映材料表面特征和微观形状误差的参数。表面粗糙度与零部件的抗腐蚀性、疲劳强度以及耐磨性直接相关。所以，零部件的表面粗糙度直接影响其寿命和性能。

在对零部件的表面粗糙度进行评价时，一般采用如下几个参数：轮廓最大高度 Rz、轮廓算术平均偏差 Ra、微观不平度 10 点高度 Rc。Ra 表示在长度为 L 的取样范围内选择的 n 个取样点对应的轮廓偏距绝对值的算术平均值，以式(2−5)表示，图 2−7 所示为其几何示意图。Ra 不仅能够对零部件的微观形状特征加以反映，而且能够对其凸峰高度加以描述，所以本书研究过程中采用 Ra 参数：

$$Ra = \frac{1}{n}\sum_{i=l}^{n}|y_i| \tag{2-5}$$

式中，l 为在试样长度方向上取的一段。

本试验以 Zeiss C130 型激光共聚焦显微镜(图 2−8)对 ADI 喷丸后的表面形貌进行观察，并对其开展表面粗糙度的测定。在测定前，以无水乙醇对试样表面进行清理，去掉其表面存在的污染。试验中的扫描面积取 $1.60\times10^6\ \mu m^2$，在试样中心区随机选择三处测量，并取平均值。

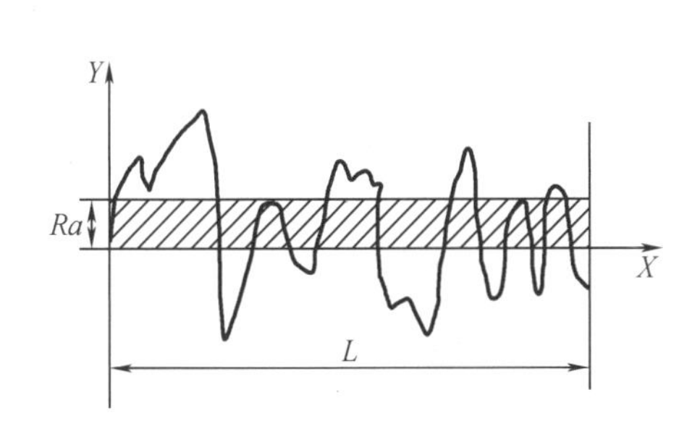

图 2−7　表面粗糙度 *Ra* 的几何示意图

图 2−8　Zeiss C130 型激光共聚焦显微镜

第3章　石墨形态与数量对两步法ADI力学及阻尼性能的影响

ADI的微观组织由球状石墨和基体组织构成，基体组织又由针状铁素体和残余奥氏体构成。由于材料的微观组织决定其性能，因此，为了研究微观组织对两步法ADI阻尼性能的影响，本书后续将分别就石墨和基体组织对ADI阻尼性能的影响及作用机理开展系统研究。本章通过改变球化剂加入量调控石墨形态，考察石墨形态对两步法ADI力学及阻尼性能的影响；通过改变铸件壁厚调控石墨球数量，考察石墨球数量对两步法ADI力学及阻尼性能的影响。

3.1　石墨形态与数量分析

3.1.1　石墨形态

按照表2-2方案，通过改变球化剂的加入量，获得了ADI的三种石墨形态（等温淬火工艺参数见2.2节），分别编号为M1、M2和M3。

ADI中的三种石墨形态如图3-1所示。由图可以看出，随着球化剂加入量的不断增加，ADI中的石墨形态发生较大改变，从蠕虫状逐渐转变为团状并最终变为球状。其中，M1试样球化效果不佳，石墨形态主要为蠕虫状，球化率不足50%；M2试样石墨形态有所改善，主要为团状，球化率有所提升，但球状石墨表面并不圆整；M3试样球化效果良好，石墨形态进一步改善，以球状为主，球化率为92%。

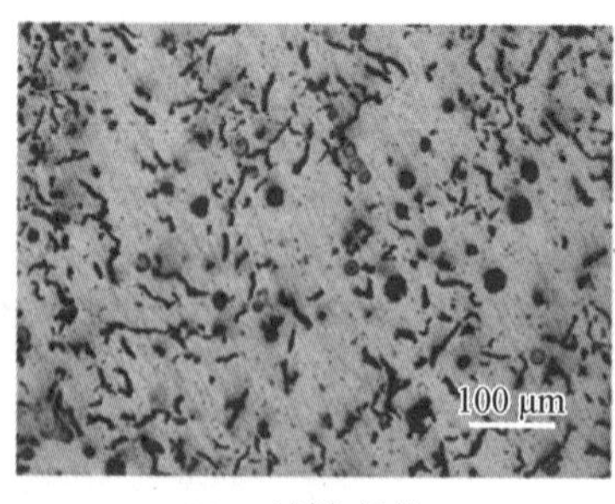

(a)M1试样(低倍)

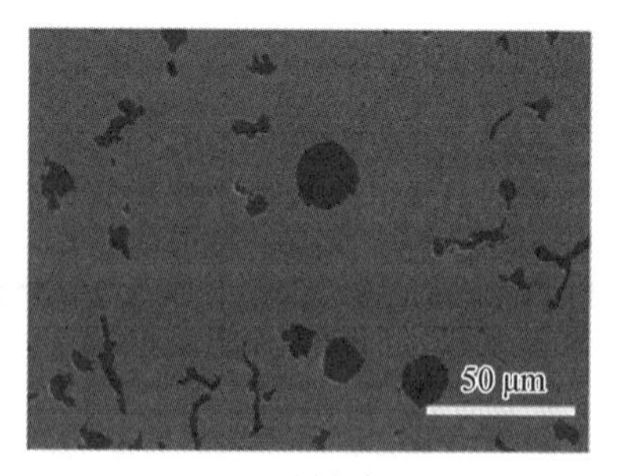

(b)M1试样(高倍)

图3-1　ADI中的三种石墨形态

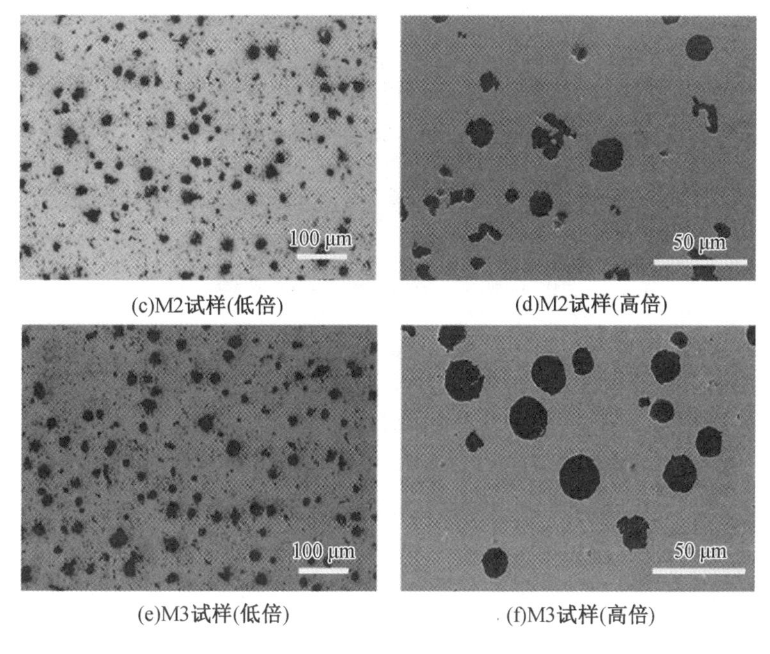

(c)M2试样(低倍)　(d)M2试样(高倍)

(e)M3试样(低倍)　(f)M3试样(高倍)

图 3－1(续)

在球化剂加入量较少时，铁水中 S、O 等表面活性元素含量较高，而 S、O 与 C 原子形成的 C—S 和 C—O 共价键的键能远大于 C—C 键的键能，使 S 和 O 主要被吸附在石墨的棱面上，导致石墨棱面的界面能大于基面，石墨棱面的生长速度小于基面，形成蠕虫状石墨；随着球化剂加入量的增加，S、O 元素被大量消耗，石墨棱面的界面能降低，石墨沿基面的生长受到抑制，形成球状石墨。

表 3－1 列出了三组试样的石墨形态、球化率和球化等级。M1、M2、M3 试样的石墨形态分别是蠕虫状＋少量球状、团状＋球状和球状。随着石墨形态从蠕虫状变为团状并最终转变为球状，三组试样的球化率从 48% 升至 85% 并最终达到 92%，同时，球化等级也从6 级逐渐升至 2 级。

表 3－1　石墨形态统计分析结果

试样编号	石墨形态	球化率/%	球化等级
M1	蠕虫状＋少量球状	48	6
M2	团状＋球状	85	3
M3	球状	92	2

图 3－2 所示是三种石墨形态下 ADI 的基体组织。由图可知，虽然三组 ADI 试样的石墨形态存在较大差异，但基体组织均为针状铁素体＋残余奥氏体，且差异不明显。因此，球化剂加入量的改变仅对石墨形态产生影响，而对基体组织影响不明显。

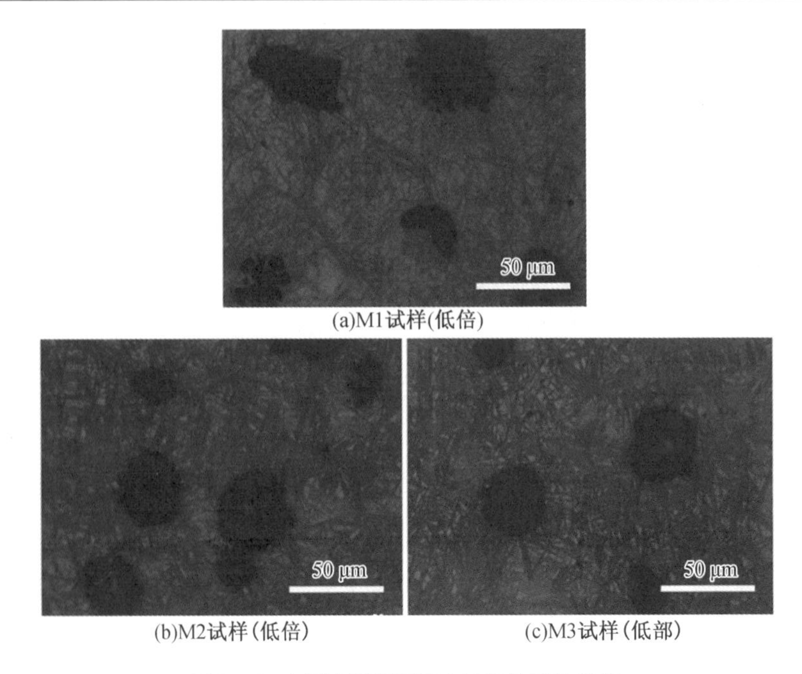

(a)M1试样(低倍)

(b)M2试样(低倍)　　(c)M3试样(低部)

图3-2　三种石墨形态下ADI的基体组织

3.1.2　石墨数量

按照表2-3的调控方案,试验通过改变铸件壁厚,制备了三组具有不同石墨球数量的ADI试样,编号分别为N1(ϕ150)、N2(ϕ70)和N3(ϕ30),其金相组织如图3-3所示。

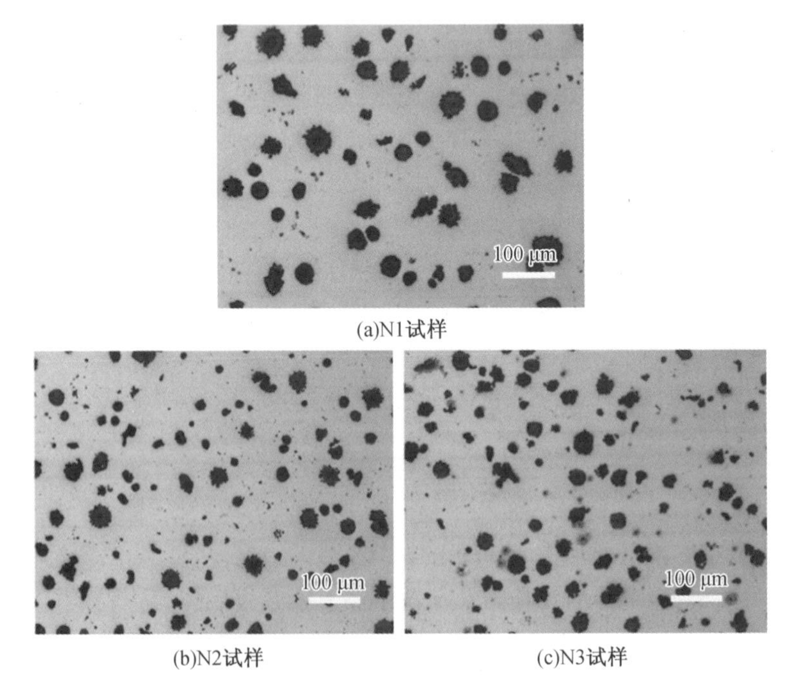

(a)N1试样

(b)N2试样　　(c)N3试样

图3-3　ADI中不同的石墨球的金相组织

由图 3 – 3 可知，三组试样的球化效果良好，石墨均呈球状。随着铸件壁厚的减小，ADI 中石墨球数量逐渐增加，石墨球尺寸降低。对于石墨球直径和数量，以 Image Pro Plus 软件进行统计并分析，其结果如表 3 – 2 所示。由表可知，铸件壁厚越小，单位面积石墨球数量越多，N1、N2 和 N3 试样中单位面积石墨球数量分别为 34 个/mm^2、47 个/mm^2 和 58 个/mm^2；同时，各试样球化率相差不大，但随着铸件壁厚的减小，石墨球逐步细化，其平均直径由 51.46 μm 降至 37.34 μm。这是由于在浇铸过程中，铸件壁厚越小，激冷作用越大，过冷度越大，形核数量也越多。因此，随着壁厚的减小，石墨形核数量增加，石墨球数量随之增加。同时，相较于厚壁球墨铸铁，薄壁铸件冷却速度更快，石墨球平均直径减小。

表 3 – 2　石墨球平均直径与单位面积石墨球数量统计分析结果

样品编号	铸件壁厚/mm	单位面积石墨球数量/(个 · mm^{-2})	石墨球平均直径/μm	球化率/%
N1	150	34	51.46	87.04
N2	70	47	43.28	88.34
N3	30	58	37.34	92.18

图 3 – 4 所示为不同石墨球数量 ADI 的基体组织。由图可知，由于铸件壁厚不同，ADI 的石墨球数量存在明显差异，但基体组织未见明显变化，均为针状铁素体 + 残余奥氏体。因此，改变铸件壁厚仅对石墨球数量产生影响，而对基体组织影响不明显。

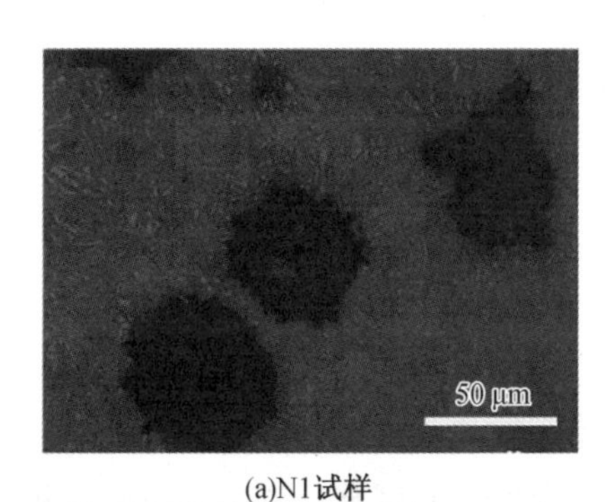

(a)N1试样

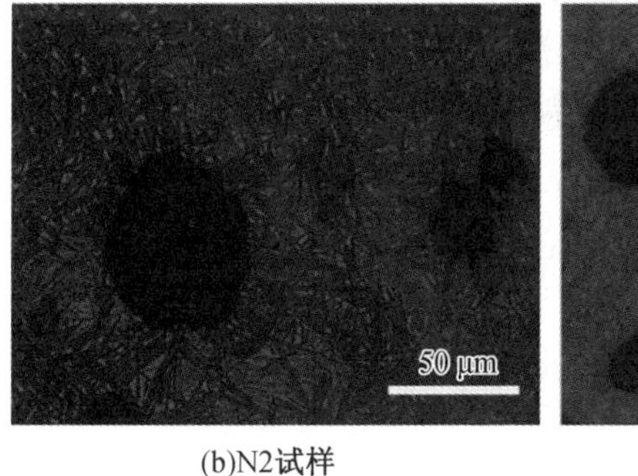

(b)N2试样

(c)N3试样

图 3 – 4　不同石墨球数量 ADI 的基体组织

3.2 石墨形态与数量对 ADI 力学性能的影响

3.2.1 石墨形态对 ADI 力学性能的影响

石墨形态对 ADI 力学性能的影响如表 3－3 所示。由表可知,M1 试样的强度、伸长率和冲击功均远低于其他两组试样,且 M1 试样不存在明显的屈服现象,伸长率仅为 1.7%。随着石墨形态由蠕虫状转变为团状再到球状,ADI 的各项力学性能均有较大提升。

表 3－3 石墨形态对 ADI 力学性能的影响

试样编号	石墨形态	抗拉强度/MPa	屈服强度/MPa	伸长率/%	冲击功/J
M1	蠕虫状＋球状	752	752	1.7	22.6
M2	团状＋球状	1 210	1 153	8.5	82.8
M3	球状	1 264	1 160	10.7	101.4

由于石墨片层间以弱的范德华力结合,其强度只有 20 MPa,且石墨与基体间界面结合力较弱,在外加应力的作用下,基体中产生大量的塑性变形,形成高密度位错,而石墨阻碍位错运动的能力较低,因此,裂纹首先在石墨/基体界面处萌生,并形成裂纹源。裂纹源一旦形成,会在石墨/基体界面快速扩展,并最终导致材料断裂。因此,石墨在铸铁中的分布可以看成无数的微裂纹,石墨的长宽比越大,其在基体内形成的裂纹源越细长,越容易产生应力集中,从而导致抗拉强度降低;而石墨的长宽比越小,其对基体的割裂作用就越微弱,抗拉强度就越高。

石墨形态不同,引起的应力集中程度也不同,从而导致 ADI 的力学性能存在较大差异。把蠕虫状石墨近似地看成长轴与短轴相差较大的椭球[图 3－5(a)],当厚片状石墨的长轴与外加拉应力垂直时,拉应力在 *A* 点及 *A′*点最大,石墨两端滑移线形成的应力集中程度较大,因此易形成裂纹源引起 ADI 开裂。当外加拉应力与蠕虫状石墨长轴之间的位相关系从垂直逐渐变至平行时,石墨形成裂纹的可能性逐渐降低。由图 3－1 可知,M1 试样中存在大量蠕虫状石墨,且分布较为聚集,因此,应力集中程度较高,ADI 力学性能显著降低。而当石墨形态转变为团状时(M2 试样),椭球的长轴与短轴相差较小,应力集中程度得到缓解,*A* 点及 *A′*点的应力集中程度降低[图 3－5(b)],ADI 的强度和冲击功略有增加。当石墨形态完全球化(M3 试样),且表面圆整时,*A* 点及 *A′*点的应力集中程度大幅降低[图 3－5(c)],ADI 的强度和冲击功进一步提高。

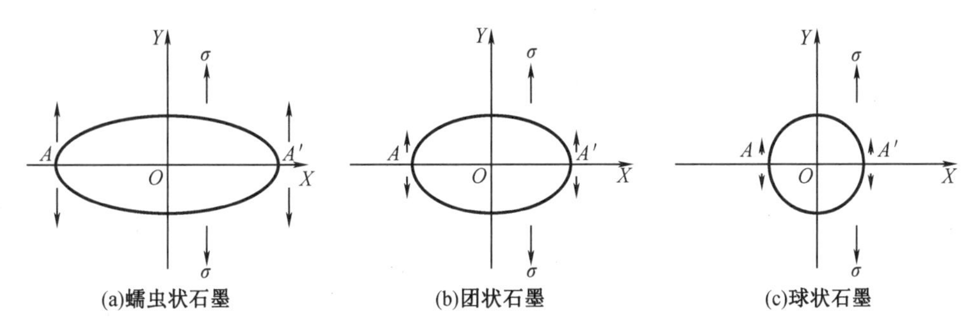

图 3－5　三种石墨形态的应力分布示意图

3.2.2　石墨数量对 ADI 力学性能的影响

当石墨球数量发生改变时，两步法 ADI 的力学性能见表 3－4。由表可知，随着单位面积石墨球数量的增加，两步法 ADI 的抗拉强度、屈服强度均增大，且冲击功增加，但伸长率略有降低。对比 N3 试样和 N1 试样可知，随着单位面积石墨球数量从 34 个/mm^2 增至 58 个/mm^2，ADI 的抗拉强度增加 37 MPa（增幅约为 3.0%），屈服强度增加 68 MPa（增幅约为 6.6%），冲击功增加 4.9 J（增幅约为 5.4%）；伸长率略有降低，但总体变化不大。

表 3－4　单位面积石墨球数量对 ADI 力学性能的影响

试样编号	单位面积石墨球数量/(个 · mm^{-2})	抗拉强度/MPa	屈服强度/MPa	伸长率/%	冲击功/J
N1	34	1 220	1 024	8.8	90.7
N2	47	1 243	1 075	8.7	93.5
N3	58	1 257	1 092	8.5	95.6

通过前文的分析可知，无论石墨形态如何，当其处于拉伸状态时，载荷均无法作用在石墨上。而且，石墨与基体裂纹萌生于石墨/基体界面。当石墨球数量较少、尺寸较大时，微孔洞的尺寸增加，更易导致裂纹萌生，因此 ADI 的抗拉强度和屈服强度均较低。但石墨球之间的间距较大，基体组织的变形能力较好，同时，粗大的石墨球会抑制残余奥氏体晶粒的长大，在二者的共同作用下，伸长率保持较高水平。随着石墨球数量增加，其尺寸也随之减小，使 ADI 的发生塑性变形及断裂的难度增大，因此 ADI 的抗拉强度和屈服强度提高。但由于石墨球的数量增加及细化，导致基体组织连续性的破坏程度增大，基体组织的塑性变形能力削弱，因而伸长率不断降低。在冲击载荷作用下，ADI 的塑性变形集中于局部区域，且塑性变形的能力随应变速率的增加而降低，因此石墨球数量少且尺寸大的试样塑性无法充分发挥，冲击功较低；同时，由于试样内等效微裂纹尺寸随石墨球尺寸的增加而增大，加速了裂纹的萌生，冲击功也因此降低。随着石墨球的数量增加及细化，等效微裂纹尺寸减小，冲击功增大。

3.3 石墨形态与数量对 ADI 阻尼性能的影响

3.3.1 石墨形态对 ADI 阻尼性能的影响

图 3-6 所示是石墨形态对 ADI 阻尼-应变谱曲线的影响。由图可知,三组曲线的变化趋势基本相同,即阻尼值随应变振幅的增加而增大。这是由于石墨与基体间的结合力较弱,在振动过程中,石墨/基体界面发生微塑性变形,且振幅越大,二者相对位移越大,界面内摩擦力做功越多,振动能损耗越大,阻尼值越高。

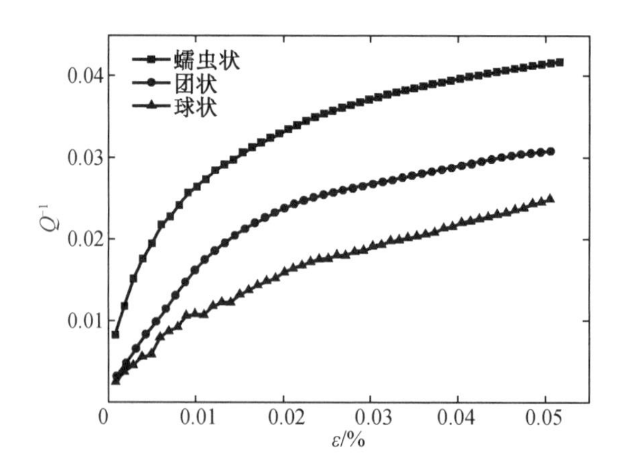

图 3-6　石墨形态对 ADI 阻尼-应变谱曲线的影响

由图 3-6 还可以看出,在相同的应变条件下,ADI 的阻尼值随球化率的增加而减小。这是由于在碳含量相同的情况下,石墨形态不同导致石墨/基体界面面积不同。球状石墨/基体界面面积最小,而蠕虫状石墨/基体界面面积最大,因此,石墨/基体界面面积随球化率的增加而减小;同时,随着球化率的增加,石墨周围基体的应力集中程度降低,石墨周围基体内的微塑性变形量减小,石墨/基体界面相对位移随之减小,在二者的共同作用下,界面内摩擦力做功减少,ADI 的值(即阻尼值)降低。

图 3-7 所示是石墨形态对 ADI 存储模量-应变曲线的影响。存储模量的实质是弹性模量,它是复数弹性模量的实数部分,反映了材料在弹性变形过程中存储的能量。由图可知,随着应变振幅的增加,三种石墨形态 ADI 的存储模量-应变曲线均呈下降趋势,且存储模量随着球化率的增加而增大。这是由于随着球化率的增加,ADI 中非球状石墨数量会减少,由图 3-5 可知,非球状石墨的出现使其周围基体的应力集中程度增大,导致材料发生塑性变形的倾向增大,不利于弹性变形能的存储,因此存储模量降低。同时,在相同碳含量下,非球状石墨的表面积大于球状石墨,从整体上看,非球状石墨对基体连续性的破坏作用加剧,大幅削弱了金属原子间的结合力,也会导致存储模量降低。

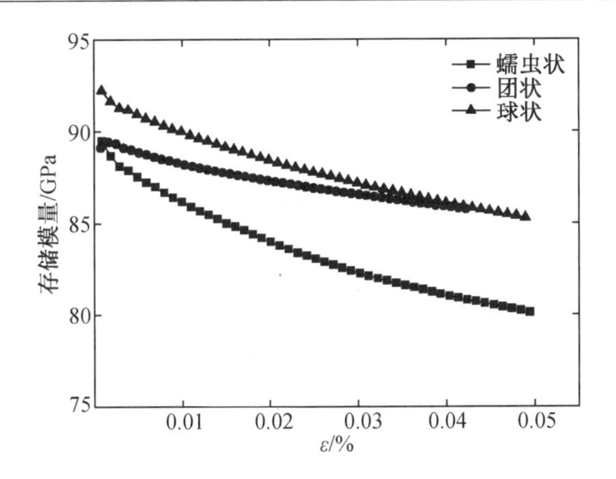

图3-7 石墨形态对ADI存储模量-应变曲线的影响

图3-8所示是石墨形态对ADI阻尼-频率谱曲线的影响。由图可知,三组曲线表现出相同的变化趋势,即阻尼值随振动频率的增加波动增大,且在频率为25 Hz、48 Hz、85 Hz、135 Hz、153 Hz和187 Hz处出现共振阻尼峰。其中,153 Hz处的共振阻尼峰最强。随着球化率的增加,共振阻尼峰值逐渐减小,以频率为153 Hz为例,阻尼峰值分别为0.154,0.143和0.138。此外,共振峰频率不随石墨形态的改变而改变。由图3-8还可以发现,当振动频率固定时,阻尼值随球化率的增加而减小。这是由于在相同的碳含量下,随着球化率的增加,石墨形态由蠕虫状转变为团状并最终变为球状,石墨与基体的界面面积减小,在相同振动条件下,石墨/基体界面滑移耗能减少,阻尼值减小。

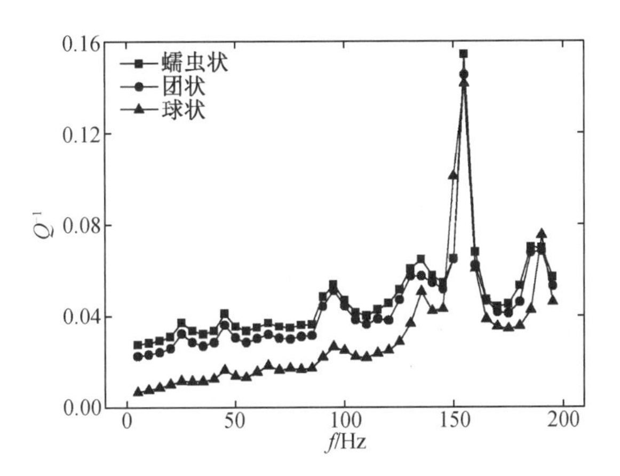

图3-8 石墨形态对ADI阻尼-频率谱曲线的影响

图3-9所示是石墨形态对ADI存储模量-频率曲线的影响。由图可知,随着振动频率的增加,不同石墨形态ADI的存储模量-频率曲线均呈现振荡变化的趋势,并在与图3-8中阻尼峰对应频率处出现相应的波峰和波谷。由图3-9还可以发现,当振动频率固定时,随着球化率的增加,存储模量逐渐增大。这是由于随着球化率的增加,石墨周围基体内的应力集中程度降低,材料发生塑性变形的倾向减小,在振动过程中,材料存储弹性变形的能力增强,存储模量增大。

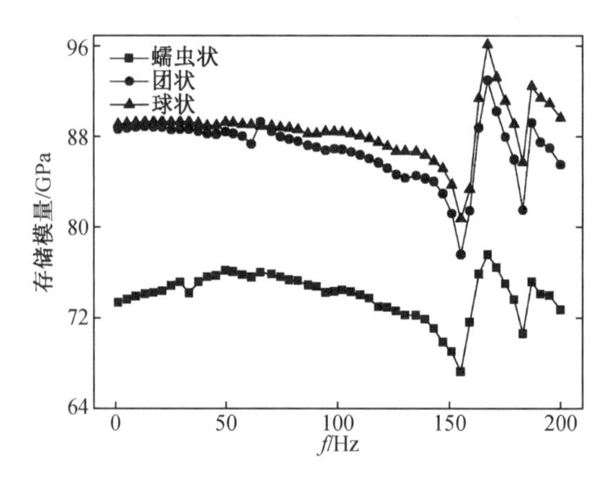

图 3-9　石墨形态对 ADI 存储模量-频率曲线的影响

图 3-10 所示是石墨形态对 ADI 阻尼-温度谱曲线的影响。由图可知,三组曲线的变化趋势基本相同,阻尼值均随温度的升高先增大后减小,并在 210 ℃附近出现阻尼峰值。

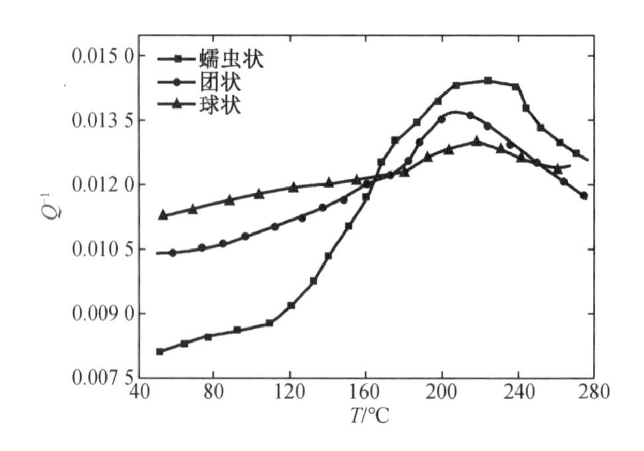

图 3-10　石墨形态对 ADI 阻尼-温度谱曲线的影响

由图 3-10 还可发现,当温度低于 170 ℃时,阻尼值随球化率的增加而增大。这是由于当温度较低时,界面结合力相对较大,界面滑移量较小,界面阻尼占比较小,位错阻尼占主导。随着温度的升高,界面对可动位错的钉扎作用减弱,可动位错密度增加,位错阻尼增加,阻尼值增大。当温度超过 170 ℃后,三组试样的阻尼值均迅速上升,这主要与温度升高导致石墨/基体界面结合力减弱,界面滑移量增加有关;同时,阻尼值随球化率的增加而减小,这是由于球化率增加,导致石墨/基体界面面积减小,界面滑移摩擦耗能减少,阻尼性能降低。

ADI 中的界面主要包括石墨/基体界面、基体中不同相之间的界面和基体中的晶界界面。其中,石墨/基体界面属于弱结合界面,且石墨的片层结构本身又易于滑动,在较低的温度下就会发生界面滑移,从而消耗能量;在交变应力和升温的共同作用下,残余奥氏体会发生 TRIP 相变形成马氏体,基体中的马氏体/铁素体界面面积大幅增加,界面阻尼值增大。同时,随着温度的升高,晶界间的结合力减弱,在较高温度下晶界易发生滑移,使界面阻尼进一步增大。此外,石墨和基体间的残余热应力会引入高密度位错,位错运动扫过基体产生位错阻尼。上述阻尼作用的机理将在 3.4 节中进行详细阐述。

图 3 - 11 所示是石墨形态对 ADI 存储模量 - 温度曲线的影响。由图可知,随着温度的升高,所有存储模量 - 温度曲线均呈下降趋势,这是由于随着温度的升高,金属原子间的结合力减弱,材料存储弹性变形的能力也减弱。同时,随着球化率的增加,材料的存储模量逐渐增大。这是由于在相同的碳含量下,随着球化率的增加,石墨球数量增加,基体内应力集中程度降低,材料发生塑性变形的倾向降低,其存储弹性变形的能力增强。同时,在相同的碳含量下,球状石墨的表面积小于非球状石墨,从整体上看,石墨对基体完整性的破坏程度降低,材料存储弹性变形的能力增强,存储模量增大。

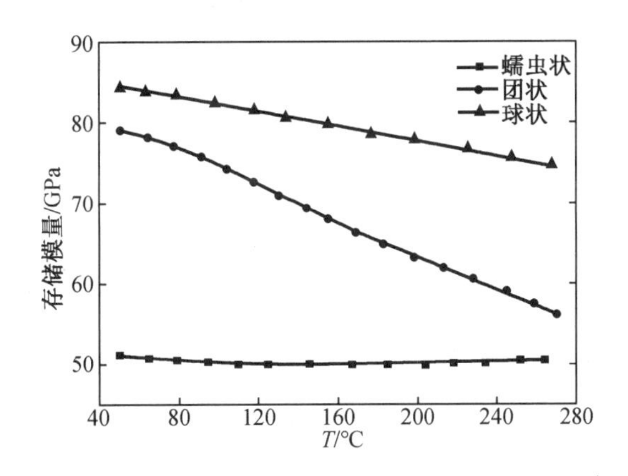

图 3 - 11　石墨形态对 ADI 存储模量 - 温度曲线的影响

3.3.2　石墨数量对 ADI 阻尼性能的影响

图 3 - 12 所示是石墨球数量对 ADI 阻尼 - 应变谱曲线的影响。如图所示,随着应变振幅的增大,不同石墨球数量的 ADI 阻尼值均呈上升趋势。这是由于石墨与基体界面间的结合力很小,在振动过程中,石墨/基体界面发生微塑性变形,且随着应变振幅的增大,石墨/基体界面滑移量增加,内摩擦力做功增加,阻尼值增大。同时,当应变振幅固定时,随着石墨球数量的增加,阻尼值增大。这是由于在碳含量相同的条件下,石墨球数量增加的同时,其体积减小,且分布更为分散,石墨/基体界面面积增大,因此在相同的应力条件下,石墨/基体界面滑移量增加,阻尼值增大。

图 3 - 13 所示是石墨球数量对 ADI 存储模量 - 应变曲线的影响。由图可知,当石墨球数量一定时,随着应变振幅的增加,存储模量 - 应变曲线均呈下降趋势。这是由于随着应变振幅的增加,石墨与基体的微塑性变形量增大,材料发生塑性变形的倾向增大,弹性变形储能减小,存储模量降低。由图还可以看出,当应变振幅固定时,存储模量随石墨球数量的增加而减小。这是由于球状石墨的存储模量极低,仅为 2.06 GPa,因此根据混合定律,石墨球数量越多,存储模量越低。

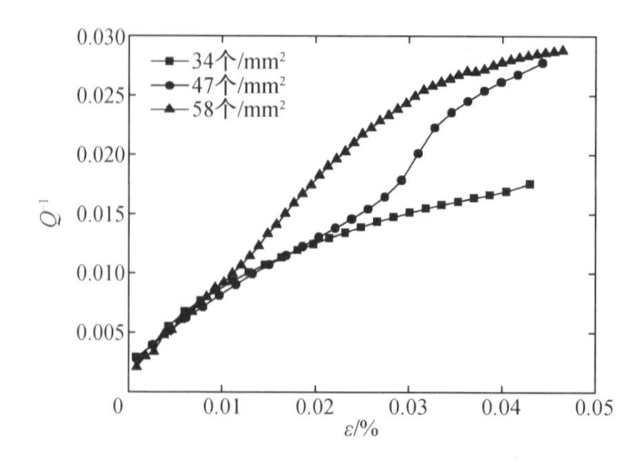

图 3-12　石墨球数量对 ADI 阻尼-应变谱曲线的影响

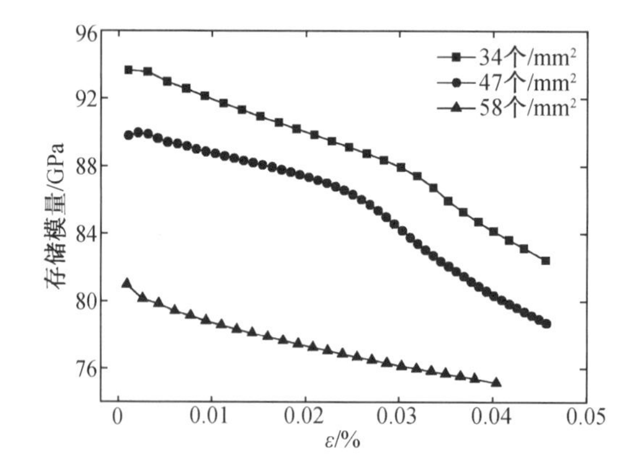

图 3-13　石墨球数量对 ADI 存储模量-应变曲线的影响

图 3-14 所示是石墨球数量对 ADI 的阻尼-频率谱曲线的影响。由图可知，三组试样的阻尼-频率曲线变化趋势基本相同，且其共振峰频率也相同。对比图 3-8 和图 3-14 可知，虽然石墨球数量发生改变，但阻尼共振峰的频率未发生明显改变。

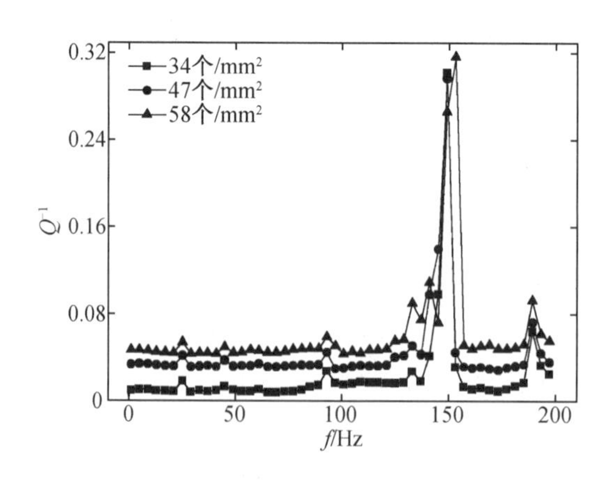

图 3-14　石墨球数量对 ADI 的阻尼-频率谱曲线的影响

同时，由图 3-14 还可以发现，当振动频率固定时，阻尼值随石墨球数量的增加而增大。

以振动频率 1 Hz 为例,随着单位面积石墨球数量从 34 个/mm^2 增至 58 个/mm^2,阻尼值从 0.009 77 增至 0.047 17,增幅达 380%。这是由于在相同碳含量下,石墨球数量增加的同时,其尺寸减小,石墨/基体界面面积增大。因此,在相同振动条件下,随着石墨球数量的增加,石墨/基体界面总滑移量增加,耗能增加,阻尼值增大。

图 3－15 所示是石墨球数量对 ADI 存储模量－频率曲线的影响。由图可知,随着振动频率的增加,不同石墨球数量 ADI 的存储模量－频率曲线均呈现振荡变化的趋势,且在图 3－14 中阻尼峰对应频率处出现相应的波峰和波谷。在相同的振动频率下,存储模量随石墨球数量的增加而减小,这是由于球状石墨的存储模量很小,与基体相比可忽略不计,因此,可将石墨球看作一个个分布于基体中的孔洞,因此根据混合定律,石墨球数量越多,材料的存储模量越小。

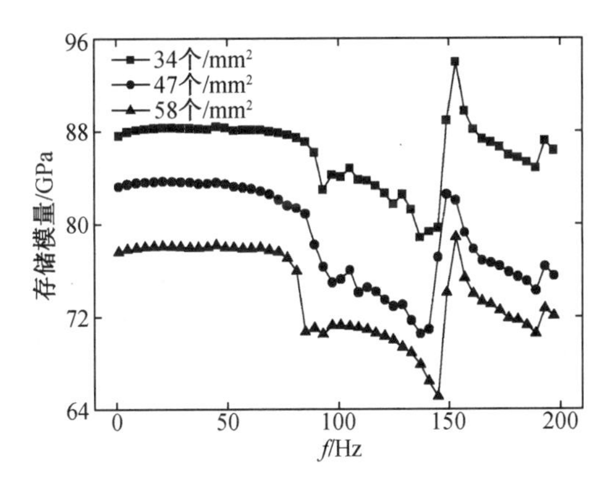

图 3－15　石墨球数量对 ADI 存储模量－频率曲线的影响

图 3－16 所示是石墨球数量对 ADI 阻尼－温度谱曲线的影响。随着温度的升高,不同石墨球数量 ADI 的阻尼值均先增大后减小,并在 210 ℃附近达到峰值。同时,对比三条曲线不难看出,当温度在 50～100 ℃时,随着石墨球数量的增加,ADI 的阻尼值逐渐减小;当温度在 100～150 ℃时,曲线斜率大幅增加,阻尼值快速增大;当温度超过 150 ℃后,随着石墨球数量的增加,ADI 的阻尼值逐渐增大。

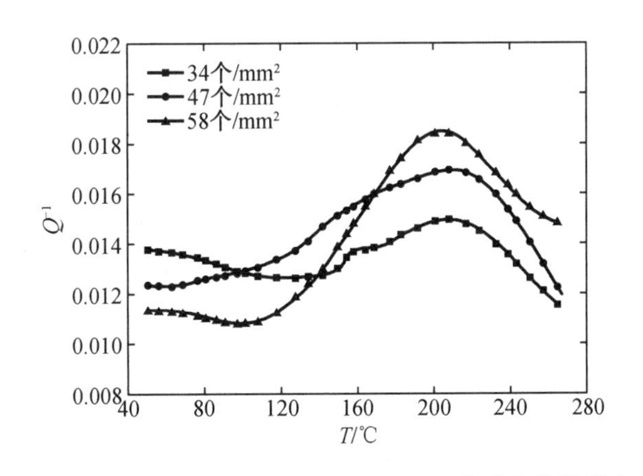

图 3－16　石墨球数量对 ADI 阻尼－温度谱曲线的影响

当温度为 50～150 ℃时，根据 Arrhenius 方程，ADI 的界面激活能较低，界面滑移阻力较大，滑移量较小，因此，随着石墨球数量的增加，虽然石墨/基体界面面积增大，但界面滑移量变化不大，界面阻尼增幅较小。同时，由于界面对位错起强钉扎作用，因此近界面处可动位错密度大幅度减小，位错阻尼大幅度减小。在二者的共同作用下，阻尼值随石墨球数量的增加而减小。当温度为 150～170 ℃时，随着温度的升高，位错线长度减小，位错阻尼降低；此时，界面结合力减弱，界面滑移量增加，界面滑移耗能增加，界面阻尼增大。此时，位错阻尼所占比例逐渐降低，界面阻尼所占比例逐渐增加。当温度为 170～230 ℃时，阻尼值随石墨球数量的增加而增大。这是由于随着温度的升高，界面结合力进一步减弱，且界面滑移量增加并趋于最大值，界面阻尼增大并在 210 ℃形成阻尼峰。当温度超过 230 ℃后，界面结合力进一步减弱，但界面滑移量最大，在滑移量相同时，所需要克服摩擦力很小，需要的能量也很少；另外，原子在高温下会重新排列，不仅减小了其中的位错密度，也降低了位错阻尼，在位错阻尼和界面阻尼的共同作用下阻尼值迅速减小。

图 3－17 所示是石墨球数量对 ADI 存储模量－温度曲线的影响。由图可知，随着温度的升高，存储模量逐渐减小，这是由于随着温度的升高，材料的热激活能升高，金属原子间的结合力减弱，材料抗弹性变形能力减小，存储模量减小。同时，随着石墨球数量的增加，材料的存储模量逐渐减小，这是由于石墨的存储模量很小，因此，在相同碳含量下，石墨球越多，材料的存储模量越小。

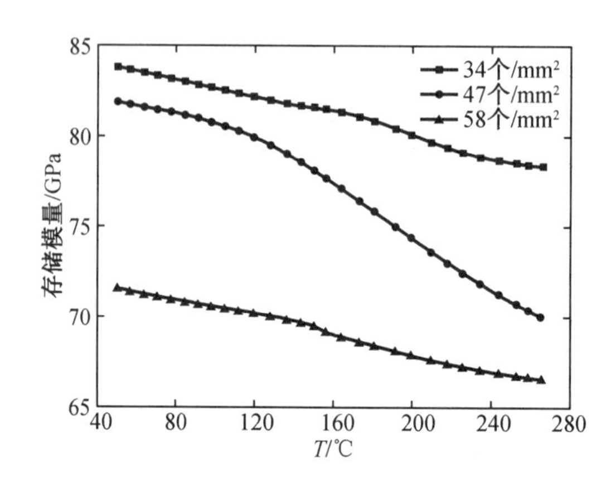

图 3－17　石墨球数量对 ADI 存储模量－温度曲线的影响

3.4　石墨形态与数量对 ADI 阻尼性能的影响机理

根据前文 ADI 微观组织及阻尼性能分析可知，对于两步法 ADI，石墨形态和数量对阻尼性能的影响主要源于界面阻尼和位错阻尼。其中，界面阻尼来自四部分：

(1)石墨与基体间界面；

(2)石墨片层间界面；

(3)石墨与空气界面(影响微小，可以忽略)；

(4)基体中的相界和晶界。

图 3－18 所示是石墨/基体近界面区位错的 TEM 照片。由图可见,石墨/基体界面附近的基体内位错密度较高,但远离界面处的位错密度较低,这主要与石墨和基体的热膨胀系数相差较大有关。ADI 中石墨和基体热膨胀系数差别较大,导致微观应力发生变化。将材料看成各向同性的介质,利用 Eshelby 经典弹性力学理论进行描述。假设石墨之间、石墨与内应力源均相距较远,为避免非线性弹性力学理论的繁复方程,假设材料在所有温度点上的应力－应变呈线性关系。假设 ADI 中所有石墨均为球状,基于 Eshelby 经典弹性力学模型对 ADI 中的热应力进行计算,模型如图 3－19 所示。

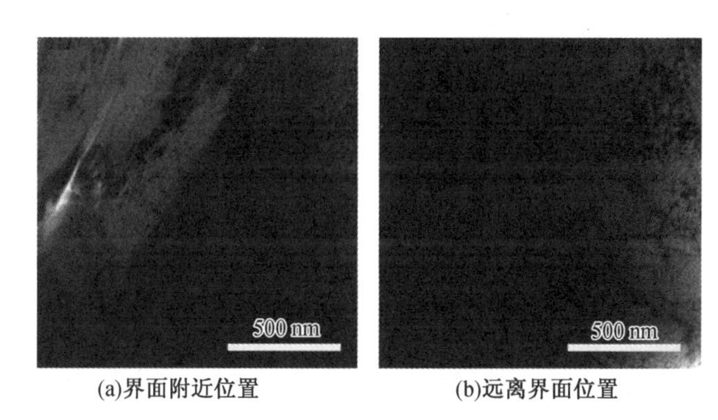

(a)界面附近位置　　(b)远离界面位置

图 3－18　石墨/基体近界面区位错的 TEM 照片

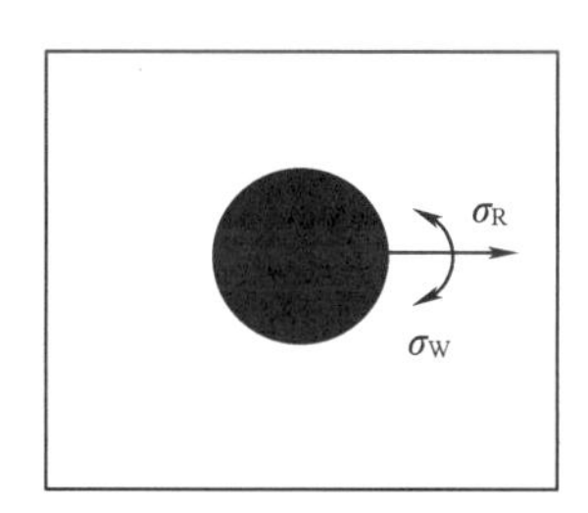

图 3－19　Eshelby 经典弹性力学模型

均匀分散在基体中的球状石墨会受到切向应力 σ_W 和径向应力 σ_R 的作用,从弹性力学角度分析可知,该体系符合下列热弹性方程,其中,拉应力为正,压应力为负:

$$\begin{cases} \dfrac{d\sigma_R}{R} + \dfrac{2}{R}(\sigma_R - \sigma_W) = 0 \\ \varepsilon_R = \dfrac{dS_R}{dR} \\ \varepsilon_W = \dfrac{dS_R}{R} \\ \sigma_R = \dfrac{E}{(1+\nu)(1-2\nu)}[(1-\nu)\varepsilon_R + 2\nu\varepsilon_W - (1+\nu)\alpha\Delta T] \\ \sigma_W = \dfrac{E}{(1+\nu)(1-2\nu)}[\nu\varepsilon_R + \varepsilon_W - (1+\nu)\alpha\Delta T] \end{cases} \tag{3-1}$$

式中 R——材料内部任意点距石墨中心的距离；

S_{R}——径向位移；

ε_{R}、ε_{W}——对应于 σ_{R} 和 σ_{W} 的径向和切向应变；

E——弹性模量；

ν——泊松比；

α——热膨胀系数；

ΔT——温度变化。

假设石墨间不发生相互作用，且石墨与基体不发生开裂，则方程(3－1)的通解为

$$\begin{cases} S_{\mathrm{R}}=\dfrac{C_1}{R^2} \\ \varepsilon_{\mathrm{R}}=\dfrac{2C_1}{R^3}+C_2 \\ \varepsilon_{\mathrm{W}}=\dfrac{C_1}{R^3}+C_2 \\ \sigma_{\mathrm{R}}=\dfrac{E}{(1+\nu)(1-2\nu)}\left[-\dfrac{2C_1}{R^3}(1-2\nu)+C_2(1+\nu)-(1+\nu)\alpha\Delta T\right] \\ \sigma_{\mathrm{W}}=\dfrac{E}{(1+\nu)(1-2\nu)}\left[\dfrac{C_1}{R^3}(1-2\nu)+C_2(1+\nu)-(1+\nu)\alpha\Delta T\right] \end{cases} \tag{3-2}$$

式中，C_1、C_2 为特定边界条件下的常数。下面对这两个常数的相关方程进行讨论。

(1)石墨内部，$R<r$(r 为石墨球半径)

当 R 趋近于0时，σ_{R} 为有限值，$C_1=0$；当 R 趋近于 r 时，$C_2=(1-2\nu)\sigma_{\mathrm{R}}/E+\alpha_{\mathrm{G}}\Delta T$($\alpha_{\mathrm{G}}$ 为石墨的热膨胀系数)，代入式(3－2)，得到

$$\begin{cases} S_{\mathrm{R,G}}=\left(\dfrac{1-2\nu_{\mathrm{G}}}{E_{\mathrm{G}}}\sigma_{\mathrm{R,G}}+\alpha_{\mathrm{G}}\Delta T\right)R \\ \varepsilon_{\mathrm{R,G}}=\dfrac{1-2\nu_{\mathrm{G}}}{E_{\mathrm{G}}}\sigma_{\mathrm{R,G}}+\alpha_{\mathrm{G}}\Delta T=\varepsilon_{\mathrm{W,G}} \\ \sigma_{\mathrm{R,G}}=\sigma_{\mathrm{W,G}} \end{cases} \tag{3-3}$$

(2)石墨外部，$R>r$

当 R 趋近于∞时，$\sigma_{\mathrm{R}}=0$，$C_1=\alpha_{\mathrm{M}}\Delta T$($\alpha_{\mathrm{M}}$ 为金属基体热膨胀系数)；当 R 趋近于 r 时，$\sigma_{\mathrm{R,M}}=\sigma_{r,\mathrm{M}}$，则 $C_1=(1+\nu_{\mathrm{M}})r^3\sigma_{r,\mathrm{M}}/2E_{\mathrm{M}}$，代入式(3－3)，则

$$\begin{cases} S_{\mathrm{R,M}}=\left[-\dfrac{1+\nu_{\mathrm{M}}}{E_{\mathrm{M}}}\left(\dfrac{r}{R}\right)^3\sigma_{r,\mathrm{M}}+\alpha_{\mathrm{M}}\Delta T\right]R \\ \varepsilon_{\mathrm{R,M}}=\dfrac{1+\nu_{\mathrm{M}}}{E_{\mathrm{M}}}\left(\dfrac{r}{R}\right)^3\sigma_{r,\mathrm{M}}+\alpha_{\mathrm{M}}\Delta T \\ \varepsilon_{\mathrm{W,M}}=\dfrac{1+\nu_{\mathrm{M}}}{E_{\mathrm{M}}}\left(\dfrac{r}{R}\right)^3\sigma_{r,\mathrm{M}}+\alpha_{\mathrm{M}}\Delta T \\ \varepsilon_{\mathrm{R,M}}=\left(\dfrac{r}{R}\right)^3\sigma_{r,\mathrm{M}} \\ \sigma_{\mathrm{W,M}}=-\dfrac{1}{2}\left(\dfrac{r}{R}\right)^3\sigma_{r,\mathrm{M}}=-\dfrac{1}{2}\sigma_{\mathrm{R,M}} \end{cases} \tag{3-4}$$

界面连续性情况下,即基体和石墨边界不开裂,此时在 $R=r$ 处的位移相等,即 $S_M=S_G$,定义此时对应的界面应力为 σ_0,则 $\sigma_0=\sigma_{r,G}=\sigma_{r,M}$,$S_{r,G}=S_{r,M}$,将各式代入式(3-3)和式(3-4)得到

$$\begin{cases}\sigma_0=\dfrac{(\alpha_G-\alpha_M)\Delta T}{\dfrac{1-2\nu_G}{E_G}+\dfrac{1+\nu_M}{E_M}}\\ \sigma_{W,G}=\sigma_{R,G}=\sigma_0\\ \sigma_{W,M}=\dfrac{1}{2}\sigma_0\\ \sigma_{R,M}=\left(\dfrac{r}{R}\right)^3\sigma_0\end{cases}\tag{3-5}$$

从而进一步得到 σ_R 的展开式:

$$\sigma_R=\begin{cases}\dfrac{(\alpha_G-\alpha_M)\Delta T}{\dfrac{1-2\nu_G}{E_G}+\dfrac{1+\nu_M}{E_M}}\left(\dfrac{r}{R}\right)^3,R\geqslant r\\ \dfrac{(\alpha_G-\alpha_M)\Delta T}{\dfrac{1-2\nu_G}{E_G}+\dfrac{1+\nu_M}{E_M}},R<r\end{cases}\tag{3-6}$$

上述计算假设石墨均为理想的球状,对于非球状石墨,可利用形状因子对其进行修正,得到

$$\sigma_R=\begin{cases}\dfrac{C(\alpha_G-\alpha_M)\Delta T}{\dfrac{1-2\nu_G}{E_G}+\dfrac{1+\nu_M}{E_M}}\left(\dfrac{r}{R}\right)^3,R\geqslant r\\ \dfrac{C(\alpha_G-\alpha_M)\Delta T}{\dfrac{1-2\nu_G}{E_G}+\dfrac{1+\nu_M}{E_M}},R<r\end{cases}\tag{3-7}$$

式中,C 为形状因子,即石墨的长径比。

利用式(3-7)计算 ADI 石墨/基体界面的残余热应力。其中,等温淬火过程中的 $\Delta T=600$ ℃。石墨和基体的相关物理参数见表(3-5),求得两步法 ADI 的径向应力分布为

$$\sigma_R=\begin{cases}1\,180\left(\dfrac{r}{R}\right)^3,R\geqslant r\\ 1\,180,R<r\end{cases}\tag{3-8}$$

表 3-5　石墨和铁的物理参数

材料	弹性模量/GPa	热膨胀系数/($10^{-6}\cdot K^{-1}$)	泊松比
石墨	2.3	-1.4~27	—
铁	206	13.5~14.6	0.23~0.27

由式(3-8)可知,两步法 ADI 的石墨/基体界面附近残余热应力最大值为 1.18 GPa,高

于 ADI 的屈服强度(1.05 GPa),因此 ADI 基体出现了塑性变形。当与界面距离逐渐增大时,热应力呈$(r/R)^3$关系下降,位错密度也随之降低,这与从图 3-18 中观察到的结果一致。

对于图 3-18 中的位错内耗,可依据 G-L 理论所对应的位错钉扎模型来进行解释。若杂质原子等点缺陷在 L 长的位错线两端钉扎(图 1-4),当外部有较低的交变应力作用时,在这些杂质原子间振动的位错长度为 L_C,而当外应力变大时,位错线扫过面积增加,当外应力达到一定值后,发生位错脱钉,钉扎仅存在于 L_N 位错网格节点处。位错从杂质原子处脱钉之前产生的内耗为共振型内耗;位错从杂质原子处脱钉之后产生的内耗为静滞后型内耗。

位错 G-L 钉扎模型指出,当外应力较小时,在两个弱钉扎点间,位错线在这一距离内往复运动,从而实现能量的消耗。当应力达到一定值后,位错线会摆脱弱钉扎点束缚,即出现脱钉现象,从而增加内耗。因此,根据应力的大小,位错阻尼可分为两部分:一是低应力区,此时位错仍然处于弱钉扎点的束缚下,在两点间做往复振动进而消耗能量,此时产生阻尼 Q_L^{-1};二是高应力区,当应力足够大时,位错摆脱弱钉扎点束缚,继续在强钉扎点间做往复运动,此时位错线扫过面积变大,产生阻尼 Q_H^{-1}。两个应力区所对应的临界应变值分别用 ε_{cr1} 和 ε_{cr2} 表示。

基于上述分析,材料位错阻尼为

$$Q^{-1} = Q_L^{-1} + Q_H^{-1} \tag{3-9}$$

应变振幅依赖频率部分表达式为

$$Q_H^{-1} = C_3 \rho f^2 / b \tag{3-10}$$

应变振幅依赖应变部分表达式为

$$Q_L^{-1} = \frac{C_1}{\varepsilon} \exp\left(-\frac{C_2}{\varepsilon}\right) \tag{3-11}$$

C_1、C_2、C_3 表达式为

$$C_1 = \frac{\omega \Delta_0 L_N^3 K \rho_m \varepsilon'}{\delta \pi \omega_r L_C^2} \tag{3-12}$$

$$C_2 = \frac{K \varepsilon' a}{L_C} \tag{3-13}$$

$$C_3 = \frac{B \pi^2 \Delta_0^2 L_E^4}{2k \omega_r G} \tag{3-14}$$

且

$$K = \frac{32G}{\pi^2 p^2 RE} \tag{3-15}$$

$$\Delta_0 = \frac{4(1-\nu)}{\pi^2} \tag{3-16}$$

以上各式中 ρ——位错密度,cm^{-2};

ω——测量角频率,rad/s;

ω_r——试样共振频率,rad/s;

L_N——位错网格节点之间距离的平均值,cm;

L_C——位错弱钉扎点之间距离的平均值,cm;

k——溶质原子的尺寸比;

L_E——有效位错线距离,$L_E=3.3L_C$,cm;

ρ_m——基体金属密度, g/cm^3;

E——基体金属弹性模量,MPa;

G——基体金属剪切模量,MPa;

R——施密特因子;

ν——泊松比;

ε'——Cottrell 错配量;

a——晶格常数;

δ——溶质原子间尺寸比;

p、B——常数。

当外加应变大于临界应变 ε_{cr}时,通过 G－L 模型得到 Q_L^{-1} 与 ε、C_1、C_2 存在的关系为

$$\ln(Q^{-1}\varepsilon)=\ln C_1-\frac{C_2}{\varepsilon} \tag{3-17}$$

由上式不难看出,画 $\ln(Q^{-1}\varepsilon)\sim(1/\varepsilon)$ 图时,如果引起材料阻尼性能改变的主要因素为位错,那么其关系应该为线性关系;如果二者关系表现为非线性,则说明还存在其他阻尼机制。

图 3－20 所示是石墨形态和数量对 G－L 曲线的影响。由图可知,对于三组 ADI 试样,其 G－L 曲线只在很小一段应变振幅区间内呈线性变化,这表明除了位错机制外还存在其他阻尼机制,如界面滑移阻尼机制。这与前文利用 Eshelby 计算的 ADI 界面处残余热应力结果一致。

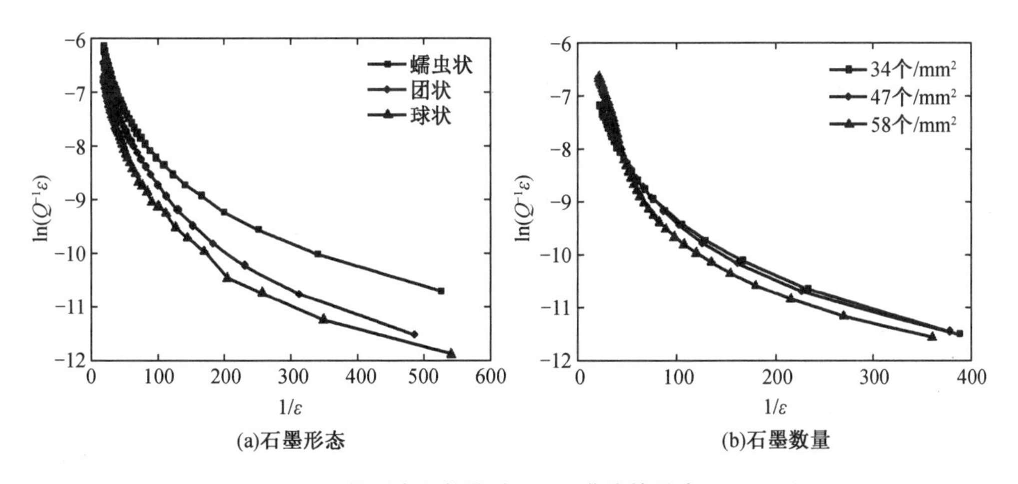

图 3－20　石墨形态和数量对 G－L 曲线的影响($f=1$ Hz)

由于本试验的振动频率 $f=1$ Hz,因此分别做不同石墨形态和数量的 ADI 在 $f=1$ Hz 时的$(Q^{-1}/\varepsilon)-\varepsilon$ 曲线,如图 3－21 所示。由图 3－21 可知,当 ε 很小时,Q_L^{-1}/ε 与 Q_H^{-1}/ε 相

差很小，因此，当应变小于临界应变($\varepsilon<\varepsilon_{cr}$)时，阻尼－应变曲线的斜率变化很小。可通过图3－21确定不同石墨形态和数量ADI的ε_{cr}。

石墨/基体界面阻尼的主要来源为两部分：石墨/基体界面的滑移和石墨片层间的黏滞性流动。由于石墨本身结构疏松，片层间以较弱的分子间作用力结合，在交变应力作用下，基体微塑性变形也会影响到石墨片层，从而使其出现黏滞性流动，并消耗能量，这也是通常所说的石墨的吸波性。同时，在ADI中，由于石墨是软韧相，强度极低，在较低的应力作用下，就会发生微量的不可逆塑性变形，从而消耗能量，而塑性变形的大小则取决于石墨形态。由图3－1可知，ADI的石墨形态主要有三种，即蠕虫状石墨、团状石墨和球状石墨。

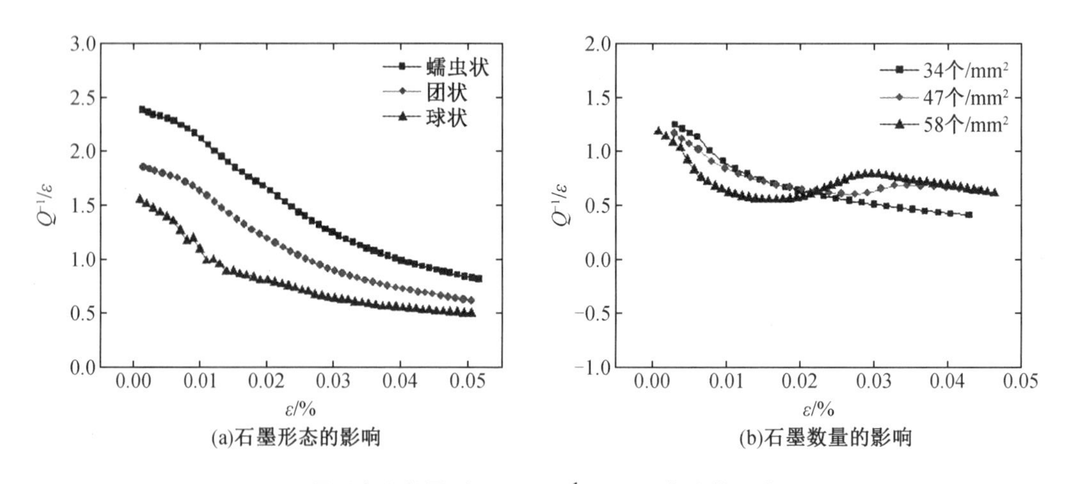

(a)石墨形态的影响　　(b)石墨数量的影响

图3－21　石墨形态和数量对ADI (Q^{-1}/ε)－ε曲线的影响(f=1 Hz)

球墨铸铁本身是一种由石墨和基体组成的金属基复合材料。而金属基复合材料弱结合界面滑移引起的阻尼可近似为

$$Q^{-1}=\frac{3}{2}\pi C\mu KV_{p} \tag{3-18}$$

式中　C——常数，其数值取决于增强体长径比等形状参数；

μ——基体与增强体所对应的摩擦系数；

K——界面处径向应力集中系数，$K=\sigma_r/\sigma_0$；

V_p——增强体所对应的体积分数。

由式(3－18)可知，ADI的界面阻尼正比于石墨的长径比。这是因为在相同碳含量下，球状石墨的表面积最小，而蠕虫状石墨的表面积最大，在振动过程中，表面积越大，石墨/基体界面面积越大，界面相对滑移产生的内摩擦力做功越多，阻尼值越大；同时，在交变应力作用下，蠕虫状石墨尖端周围的基体更易产生应力集中，引起基体的微塑性变形，从而导致位错密度增加，阻尼值增大。式(3－18)可以通过以上关系定量计算并予以证明。因此，根据石墨形态不同，振动消耗能量由大到小依次为：$W_{蠕虫状石墨}>W_{团状石墨}>W_{球状石墨}$。

下面在开展界面阻尼分析时引入机械模型(图3－22)，两个构件以重力或者其他力结合，当存在动态载荷作用时，在结合面就会出现库仑摩擦阻尼和滞弹性阻尼。在ADI中，基体与石墨的界面结合方式为弱结合，同时由于石墨为球状，因此，二者的界面并非平面，平面结合界面阻尼虽不能在ADI中直接使用，但可以作为参考。

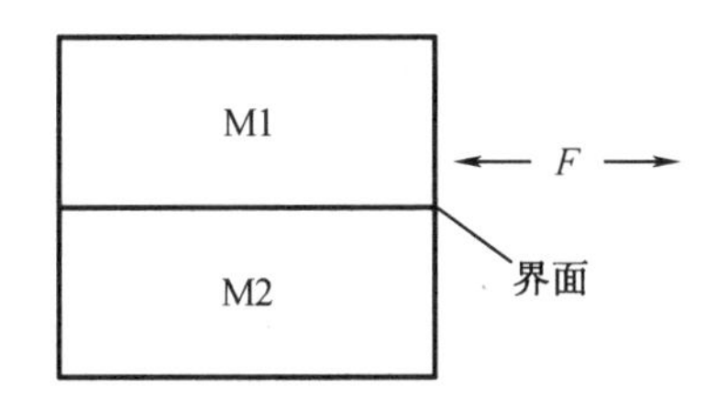

图3－22　承受动态载荷的两个构件模型

利用动态热机械分析测试（DMA）对ADI阻尼值进行测试时，石墨/基体界面所受的作用力为交变剪切应力。假定界面层厚度较大，ADI界面可以划分成n个小单元，则n个小单元的阻尼性能叠加起来就得到整个界面的阻尼。取第i个微单元（图3－23），其应力状态与图3－22构件的应力状态完全相同。因为ADI界面中的各个微单元的阻尼来源相同，因此，在较大应力作用下，两相相对运动会产生"宏观滑移"，进而产生库仑摩擦阻尼。微单元中的"宏观滑移"，是从微单元的角度来描述的，如果将其置于整个ADI界面之中，其所形成的滑移十分微小，因此该滑移在ADI界面中只是一种"微滑移"过程。

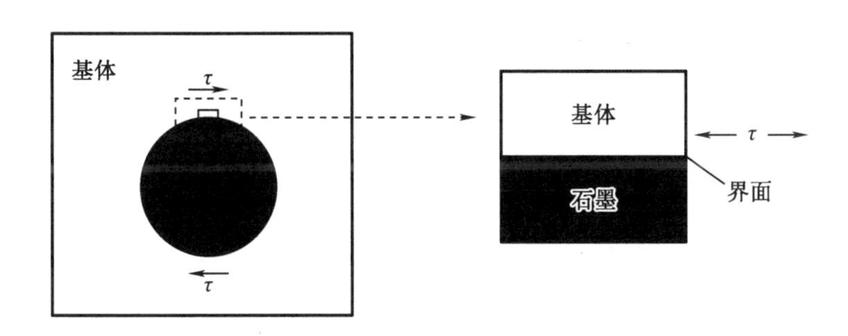

图3－23　石墨/基体界面阻尼模型

因此，ADI的界面阻尼可以分为滞弹性阻尼和库仑摩擦阻尼。界面的滞弹性阻尼包括由各种晶体缺陷引起的阻尼，而库仑摩擦阻尼正比于界面的摩擦耗能，则有

$$Q_{\mathrm{k}}^{-1}=\Delta W/W=(fS)/W \tag{3-19}$$

式中　Q_{k}^{-1}——库仑摩擦阻尼；

ΔW——界面摩擦阻力做功；

W——一个应力周期的总能量；

S——界面滑移距离；

f——界面摩擦阻力，$f=\mu N$（μ为界面摩擦系数，N为界面结合力）。

则

$$\Delta W=\mu NS \tag{3-20}$$

又因为

$$m\frac{\mathrm{d}^2S}{\mathrm{d}t^2}=\tau-f \tag{3-21}$$

式中 m——滑移体质量；

t——时间；

τ——切应力，$\tau=\tau_0 e^{i\omega t}$（$\tau_0$ 为切应力常数，ω 为振动的角频率）。

求得

$$S=-(\tau_0/m\omega^2)e^{i\omega t}-(\mu N/2m)t^2+C_1 t+C_2 \tag{3-22}$$

式中，C_1 和 C_2 均为常数，则

$$Q_k^{-1}=\mu N[-(\tau_0/m\omega^2)e^{i\omega t}-(\mu N/2m)t^2+C_1 t+C_2]/W \tag{3-23}$$

式(3-23)表明，界面的滑移摩擦阻尼与界面结合力呈负相关，且为二次函数的关系。因此，对于弱结合的石墨/基体界面，其摩擦阻尼可能远大于滞弹性阻尼。

基于上述研究结果，以 M1 试样的阻尼-应变曲线为例，结合经典的 G-L 位错钉扎理论模型和界面阻尼模型对阻尼-应变谱曲线进行分析，如图 3-24 所示。基于 G-L 理论模型，ADI 的阻尼性能可分为两个阶段，分别是与应变振幅无关和与应变振幅有关阶段。在与应变振幅有关阶段，阻尼性能的增长率存在较大差异，根据图 3-21 和图 3-24，得到临界应变值分别为 $\varepsilon_{cr1}=7\times10^{-4}$ 和 $\varepsilon_{cr2}=1.6\times10^{-3}$。

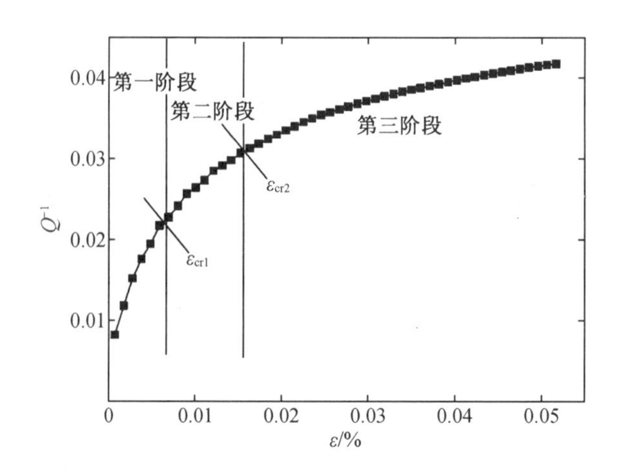

图 3-24　M1 试样的阻尼-应变曲线

根据临界应变值对阻尼-应变曲线中各阻尼阶段进行划分并分析。

第一阶段的应变振幅范围是 $0<\varepsilon<7\times10^{-4}$，基于 G-L 理论模型，在该阶段中，位错线被强钉扎点钉扎，而被弱钉扎点钉扎的位错因为受外力的作用，位错线发生振动，进而产生共振型阻尼，这种阻尼与应变振幅无关。同时，随着应变振幅的增加，界面滑移量增加，界面滑移耗能增加，界面阻尼增大。在位错阻尼和界面阻尼的共同作用下，阻尼随应变振幅的增加而增大，且界面阻尼大于位错阻尼。

第二阶段的应变振幅范围是 $7\times10^{-4}<\varepsilon<1.6\times10^{-3}$，阻尼性能呈线性增长，且增速较快。根据 G-L 模型，在该阶段中，位错线被强钉扎点钉扎，而被弱钉扎点钉扎的位错因为受较大外力的作用，发生了“雪崩式”的脱钉，进而产生静滞后型阻尼，这种阻尼的产生与应变振幅有关。

第三阶段的应变振幅范围是 $\varepsilon>1.6\times10^{-3}$，此时阻尼性能仍在不断增大，但阻尼的增

速降低。一方面,大量位错线摆脱强钉扎点束缚成为可动位错,随着可动位错密度增大,扫过基体的面积随之增大,耗能增加,阻尼值增大,但同时发生滑移运动的位错间交互作用增强,导致位错运动阻力增大,因此,位错阻尼的增长速率降低。另一方面,随着应变振幅的增加,石墨/基体界面滑移量趋于最大,界面相对运动耗能也趋于最大,因此,界面阻尼的增长速率降低。

ADI 的阻尼 - 频率曲线可看作 ADI 的共振曲线。共振是指一个物理系统在特定频率下以最大振幅振动。对于汽车而言,如果齿轮设计不能避开共振频率,则会产生两方面的危害。一方面,齿轮共振产生噪声,影响汽车体验的舒适性;另一方面,共振会引起齿轮的旋转频率和倍频的谐波振动,当齿轮传递载荷时会产生交变载荷,从而造成极大的齿轮啮合冲击,当循环次数达到一定值时,齿轮发生共振疲劳损坏,从而导致齿轮的使用寿命和安全系数大幅缩短和降低。由于本书中 ADI 的应用背景是变速箱齿轮,因此有必要对 ADI 的共振频率进行估算。

根据工程力学,悬臂梁的运动微分方程为

$$EI\frac{\partial^4\omega(x,t)}{\partial x^4}+\rho A\frac{\partial^2\omega(x,t)}{\partial t^2}=0 \tag{3-24}$$

式中　E——弹性模量;

ρ——密度;

A——横截面积;

ω——角频率,$\omega=2\pi f_i$(f_i 为振动频率)。

式(3-24)的边界条件为

$$\begin{cases}\omega(x=0)=0\\ \dfrac{\mathrm{d}\omega}{\mathrm{d}x}(x=0)=0\\ \left.\dfrac{\partial^2\omega}{\partial x^2}\right|_{x=l}=0\\ \left.\dfrac{\partial}{\partial x}\left(EI\dfrac{\partial^2\omega}{\partial x^2}\right)\right|_{x=l}=0\end{cases} \tag{3-25}$$

式中,l 为悬臂梁的长度。

该偏微分方程的自由振动解为 $\omega(x,t)=\omega(x)T(t)$,将其代入式(3-24)可求得相应 $\omega(x)$ 和 $T(t)$ 的展开式为

$$\omega(x)=C_1\cos\lambda_i+C_2\sin\lambda_i+C_3\cosh\lambda_i+C_4\sinh\lambda_i \tag{3-26}$$

$$T(t)=A\cos(\omega t)+B\sin(\omega t) \tag{3-27}$$

式中,λ_i 为材料的特征值,且满足

$$\cos\lambda_i\cosh\lambda_i+1=0 \tag{3-28}$$

将边界条件代入式(3-26)和式(3-27)可得,$C_1+C_3=0$,$C_2+C_4=0$,同时可求得悬臂梁固有频率的计算公式为

$$\omega_i=\frac{\lambda_i^2}{L^2}\sqrt{\frac{EI}{\rho A}}=\frac{\lambda_i^2H}{L^2}\sqrt{\frac{E}{12\rho}} \tag{3-29}$$

式中 H——材料厚度；

I——材料的刚度；

L——材料长度。

利用式(3－28)计算得到 $\lambda_1 \sim \lambda_6$ 分别为0.068,0.123,0.193,0.213,0.224和0.238。

对本试验测得ADI的弹性模量取平均值，$E=158$ GPa。根据DMA试样的尺寸，$H=1$ mm，$L=45$ mm，ρ 以7.2 g/cm^3 计算。将上述参数值代入式(3－29)求得 $f_1=21.5$ Hz，$f_2=70.1$ Hz，$f_3=120.5$ Hz，$f_4=175.3$ Hz，$f_5=210.5$ Hz，$f_6=233.2$ Hz。

将上述计算值与图3－8中的共振频率进行对比可知，上述计算值与试验值存在较大差距，这说明除弹性模量、密度和尺寸外还存在其他影响共振频率的变量。但计算结果证明，ADI的共振频率主要与材料自身因素有关。

对于金属基复合材料，如果其阻尼性能与自身固有性质密切相关，则可通过基体和增强相的本征阻尼，利用混合定律来估算材料的阻尼性能，其一般表达式为

$$Q^{-1}=Q_m^{-1}V_m+Q_s^{-1}V_s \tag{3-30}$$

式中 Q^{-1}——材料的阻尼性能；

Q_m^{-1} 和 Q_s^{-1}——基体和增强相的阻尼性能；

V_m 和 V_s——基体和增强相的体积分数。

利用Image－ProPlus软件，对不同石墨球数量ADI的铸态组织进行统计分析，得到N1～N3试样中石墨的体积分数分别为10.18%、10.34%和10.59%。由于N1～N3试样中石墨的体积分数差别很小，因此以N2试样为例，对其阻尼性能进行计算。石墨是高阻尼材料，其阻尼值为0.01～0.015，本书以0.013进行计算。基体的体积分数为89.66%，其内耗值以实测值进行计算。将式(3－30)的计算结果与实测值进行比较，如图3－25所示。由图可见，利用混合定律计算得到的结果与实测值十分接近，这表明ADI的频率响应机制符合本征阻尼机制。

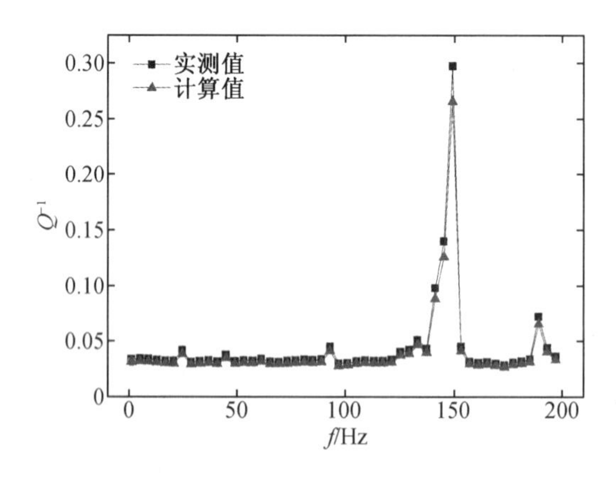

图3－25 利用混合定律计算的阻尼－频率曲线与实际曲线的对比

对于温度响应机制而言，不同石墨形态和数量的ADI阻尼性能均随温度的升高先增大后减小，并在210 ℃附近出现阻尼峰。该谱线是位错阻尼和界面阻尼协同作用的结果。以N2试样为例(图3－26)，对阻尼－温度曲线进行分析，将阻尼－温度曲线划分成若干阶段。

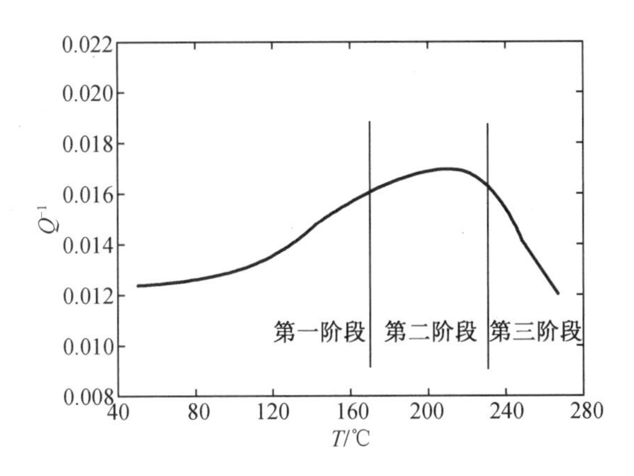

图 3 – 26　N2 试样的 ADI 阻尼 – 温度曲线

第一阶段的振动温度范围是 50 ℃ < T≤170 ℃，阻尼值随振动温度的升高而增大。根据式(3 – 10)和式(3 – 14)可知，Q^{-1}正比于 ρL^4，随着温度的升高，位错密度和位错线长度均增加，位错阻尼增大；同时，根据式(3 – 23)，界面阻尼与界面结合力呈负相关，且为二次函数关系，界面结合力随温度升高而减小，界面滑移量增加，界面阻尼增大。在位错阻尼和界面阻尼的协同作用下，阻尼增大。

第二阶段的振动温度范围是 170 ℃ < T≤230 ℃，此时主导阻尼机制为界面阻尼，位错阻尼所占比例下降。当 $T > 0.1T_m$ 后，位错线长度减小而位错密度增加，由于 Q^{-1} 正比于 ρL^4，因此阻尼逐渐减小。而随着温度的继续升高，基体内相界面以及晶界等的结合力减弱，界面微滑移量增加，且当温度达到 210 ℃时，微滑移量达到最大，阻尼值达到最大值并形成阻尼峰。

第三阶段的振动温度范围是 230 ℃ < T≤270 ℃，石墨/基体界面结合力进一步减弱，而界面滑移量则达到最大，在滑移量相同时，所需要克服摩擦力很小，耗能较少，阻尼减小；此外，原子在高温下会重新排列，位错密度减小，位错阻尼也随之减小。

为了更直观地分析阻尼 – 温度曲线，对 ADI 在温度阻尼测试过程中的应力、应变进行分析，如图 3 – 27 和图 3 – 28 所示。由两图可知，不同石墨形态 ADI 的应力 – 温度曲线呈现相同的变化趋势，但由于蠕虫状石墨导致基体的应力集中程度更高，因此石墨/基体界面附近的位错密度较大，位错阻尼较大。

由两图可知，在升温开始前的 A 点，由于受到材料制备时热残余应力的影响，石墨/基体界面处的基体合金受到拉应力。在随后升温过程中，由于石墨热膨胀系数较低，基体在膨胀时还将受到来自石墨的热压应力的作用，此时拉应力逐渐减小，最终在 B 点与残余压应力相互抵消(A—B 段)。在此过程中，位错密度逐渐减小，但可动位错线长度逐渐增加，根据式(3 – 10)和式(3 – 14)，由于 Q^{-1} 正比于 ρL^4，因此在二者共同作用下，阻尼 – 温度曲线斜率基本保持不变。当由材料制备产生的残余拉应力完全被由温度升高形成的热压应力消耗掉后，基体所承受的来自石墨的压应力开始随着温度升高逐渐增大(B—C 段)，基体内的位错密度逐渐增大，材料的位错阻尼增大。当热压应力达到基体的屈服强度时，基体发生压缩屈服变形(C—D 段)。由热错配引起的应力超过界面剪切强度时，石墨/基体的界面将通过位错的运动发生滑移，此时阻尼 - 温度曲线达到最大值。随着温度继续升高（*D—E* 段），基体所受压应力逐渐减小，ADI 的基体内发生原子重新排列，位错密度大幅度减小，阻尼性能随之降低。

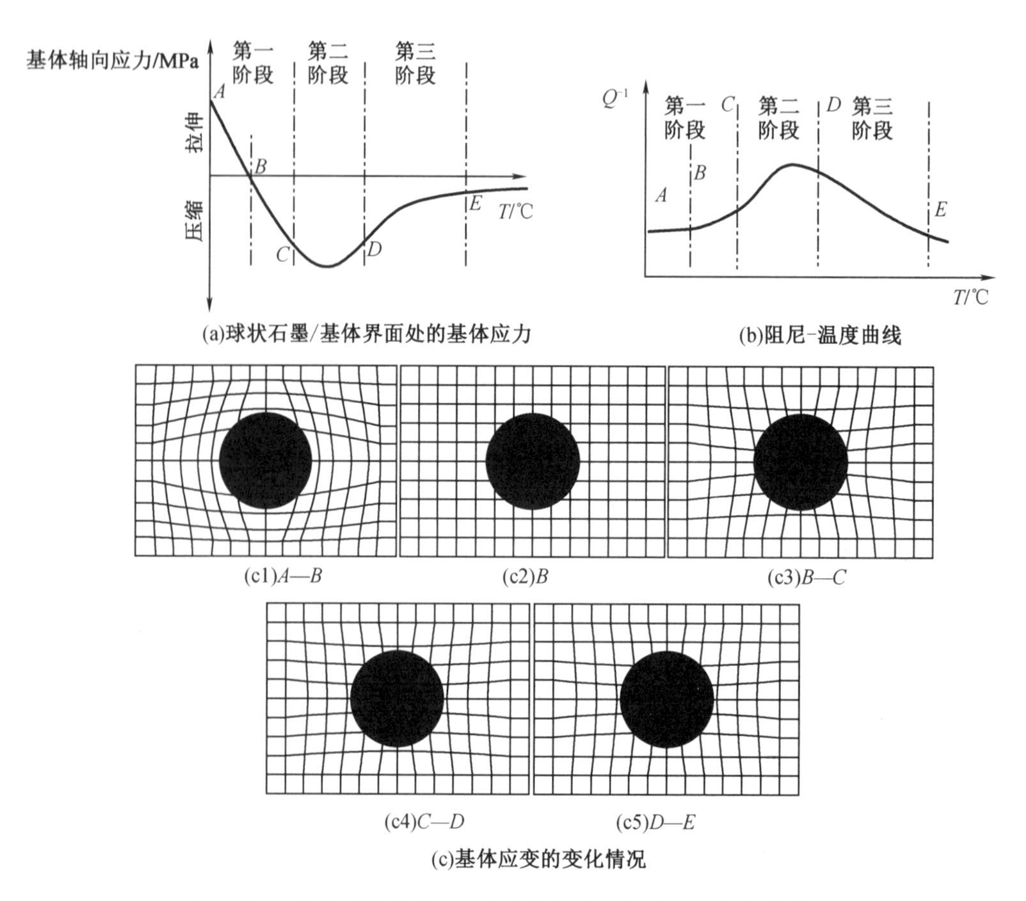

图 3 - 27　M3 试样在阻尼 - 温度曲线测试过程中应力和应变的示意图

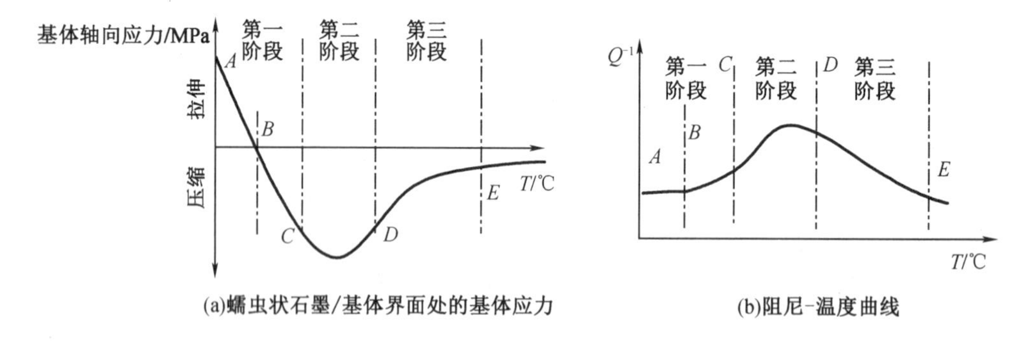

图 3 - 28　M1 试样在阻尼 - 温度曲线测试过程中应力和应变的示意图

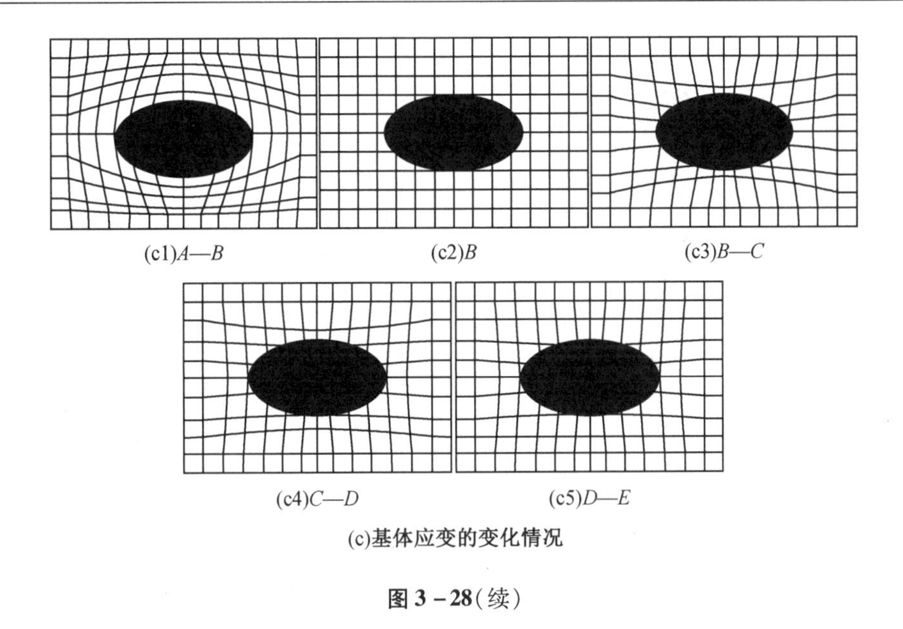

(c)基体应变的变化情况

图 3-28(续)

3.5　本章小结

本章通过调控球化剂加入量,获得了 ADI 试样的不同石墨形态,通过调控铸件壁厚,获得了 ADI 试样的不同石墨球数量,并在此基础上研究了石墨形态数量对两步法 ADI 力学和阻尼性能的影响规律及机理,得到具体结论如下:

(1)随着球化剂加入量的增加,石墨形态发生明显改变,从蠕虫状转变为团状再到球状,材料力学性能发生明显改变。两步法 ADI 的力学性能从抗拉强度仅为 752 MPa、不屈服、伸长率为 1.7%、冲击功为 22.6 J,提升至抗拉强度、屈服强度、伸长率及冲击功分别为 1 264 MPa、1 160 MPa、10.7% 和 101.4 J。但石墨数量对两步法 ADI 的力学性能影响不大。

(2)对于不同石墨形态和数量的 ADI,其阻尼性能随应变振幅、振动频率和振动温度的变化规律基本相同。阻尼的应变振幅特性为:阻尼值随应变振幅的增加而增大。阻尼的频率特性为:阻尼值随振动频率的增加波动增大,但总体变化不大,并在特定频率处出现共振峰。阻尼的温度特性为:随着振动温度的升高,阻尼性能先增大后减小,并在 210 ℃附近出现阻尼峰。同时,ADI 的阻尼性能随球化率的增加而减小,随石墨球数量的增加而增大,这主要与石墨/基体界面面积变化导致界面阻尼改变有关。

(3)对于不同石墨形态和数量的 ADI,其阻尼的微观机制主要包括本征阻尼、位错阻尼和界面阻尼,其中界面阻尼的贡献最大。阻尼的应变响应机制为位错阻尼和界面阻尼,且位错阻尼机制符合 G-L 理论,可通过$(Q^{-1}/\varepsilon)-\varepsilon$曲线斜率变化确定位错脱钉的临界应变值 ε_{cr1} 和 ε_{cr2}。阻尼的频率响应机制为本征阻尼和界面阻尼,其本征阻尼能够较好满足混合定律。阻尼的温度响应机制为位错阻尼和界面阻尼。当温度低于170 ℃时,位错阻尼占主导;当温度高于170 ℃时,界面阻尼占主导。

(4)石墨与基体的热膨胀系数相差较大,在材料制备和热处理过程中石墨/基体界面附近热错配应力较大,导致ADI在石墨/基体界面附近位错密度较高,位错阻尼增大。

第4章　基体组织对两步法ADI力学及阻尼性能的影响

对于两步法ADI而言，除石墨外，基体组织也是影响其阻尼性能的关键因素。研究发现，相较于铸态试样，单步法ADI阻尼性能主要与基体中铁素体和奥氏体的含量、形貌有关。同时，基体内的位错、层错和孪晶，也会对ADI阻尼性能产生影响。但是，在两步等温淬火工艺条件下，ADI的阻尼性能是否也受到上述因素的影响，且影响规律如何，目前尚无相关报道。

第3章已就两步法ADI中石墨形态与数量对其力学和阻尼性能的影响规律及机理进行了深入研究。本章将以两步法ADI的基体组织为研究对象，通过调控两步等温淬火热处理工艺参数（包括一步等温淬火温度、时间和二步等温淬火温度、时间），获得具有不同基体组织的ADI试样，研究基体中针状铁素体和残余奥氏体含量、形貌对ADI力学及阻尼性能的影响，建立基体组织与ADI力学和阻尼性能的联系并揭示其作用机理。

4.1　热处理工艺对两步法ADI微观组织的影响

4.1.1　一步等温淬火温度对ADI微观组织的影响

图4-1所示是不同一步等温淬火温度下ADI的金相组织。其中，L1～L5试样的一步等温淬火温度为240～320 ℃。图中黑色针状组织为铁素体，白亮色组织为残余奥氏体。从图中可以看出，当一步等温淬火温度为240 ℃时[图4-1(a)]，在铁素体的间隙内，呈白亮色的残余奥氏体均匀分布，同时伴有碳化物的析出。随着一步等温淬火温度的升高，针状铁素体的长度和数量均不断增加，残余奥氏体含量逐渐降低，但分布更均匀[图4-1(b)]。当一步等温淬火温度为280 ℃时[图4-1(c)]，针状铁素体和残余奥氏体分布均匀。当一步等温淬火温度高于280 ℃时，随着温度继续升高，残余奥氏体分布开始变得不均匀[图4-1(d)和图4-1(e)]，同时针状铁素体的含量明显降低。

图4-2所示是不同一步等温淬火温度下ADI基体组织的电子扫描电镜（SEM）照片。由图可知，随着一步等温淬火温度的升高，试样基体中的块状奥氏体含量和尺寸均先降低后升高。当温度低于280 ℃时，随着一步等温淬火温度的升高，残余奥氏体在组织中的含量逐渐降低，同时构成铁素体束的铁素体片层数量增加，厚度减小。当温度高于300 ℃时，块状残余奥氏体厚度明显增大，同时铁素体的片间距逐渐增加且不断粗化。

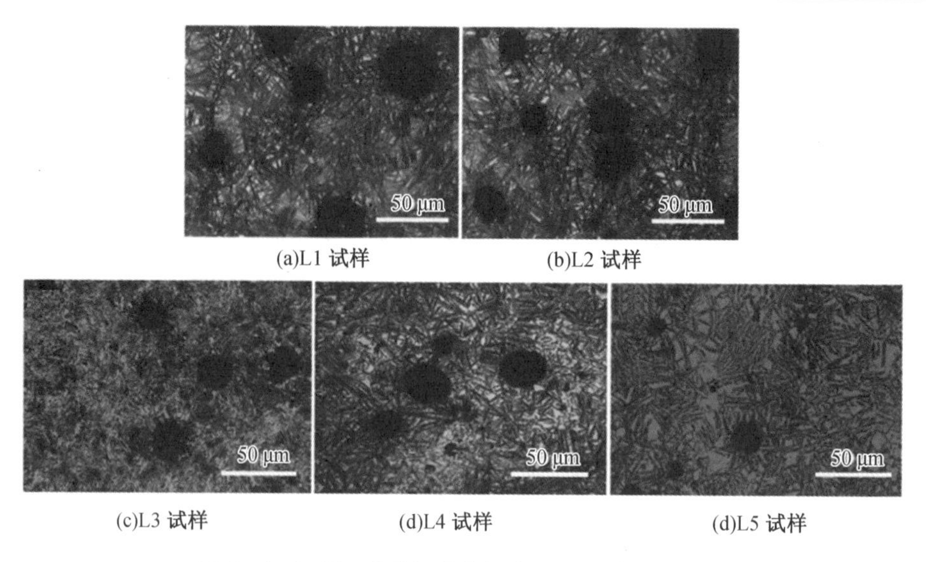

(a)L1 试样　(b)L2 试样

(c)L3 试样　(d)L4 试样　(d)L5 试样

图 4－1　不同一步等温淬火温度下 ADI 的金相组织

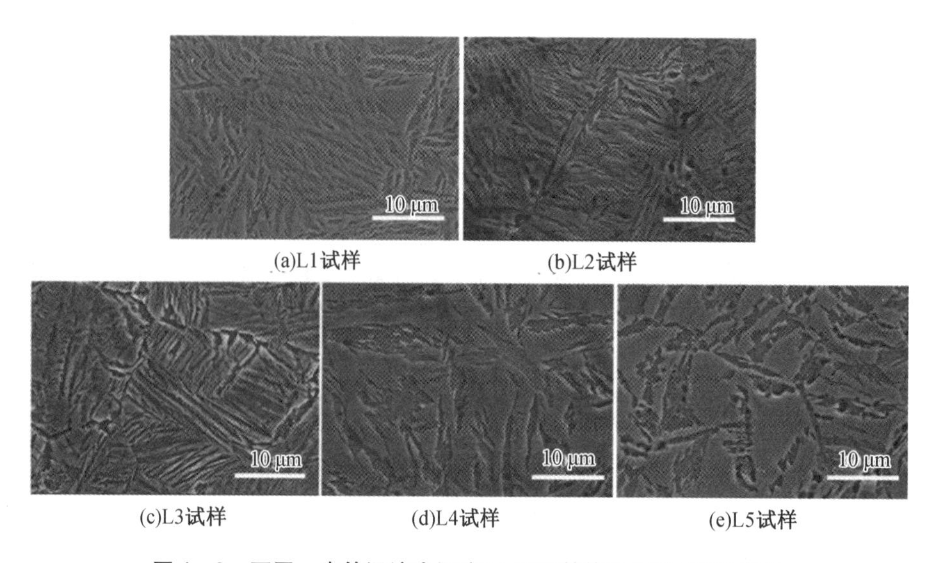

(a)L1试样　(b)L2试样

(c)L3试样　(d)L4试样　(e)L5试样

图 4－2　不同一步等温淬火温度下 ADI 基体组织的 SEM 照片

图 4－3 所示是不同一步等温淬火温度下 ADI 基体组织的 TEM 照片。由图可知，ADI 基体组织中存在大量的束状铁素体，这些束状铁素体由许多位相相同的片状铁素体构成。同时，铁素体与奥氏体交替排列，奥氏体被分割成若干片状区域。随着等温淬火温度的升高，铁素体和奥氏体片层厚度均逐渐增大且铁素体内部位错密度也显著增大。铁素体和奥氏体片层厚度分别从 240 ℃时的 20 nm 和 80 nm 逐渐增至 320 ℃时的 150 nm 和 200 nm。

图 4－4 所示是不同一步等温淬火温度下 ADI 基体组织内残余奥氏体的 TEM 照片。由图 4－4(a)和图 4－4(b)可以看出，一步等温淬火温度为 240 ℃时，组织中存在灰色块状相，对其进行放大观察并进行选区衍射可知，该相为马氏体，这主要与奥氏体均匀化导致 Ms 点升高有关。当一步等温淬火温度升高至 260 ℃时，其基体组织如图 4－4(d)所示。对其进行放大观察并进行选区衍射如图 4－4(c)和图 4－4(f)，可以看出，衍射斑点为面心立方

结构的残余奥氏体，且未观察到马氏体。此外，由图还可以看出，L1 和 L2 试样的残余奥氏体中均存在大量位错，且随着一步等温淬火温度的升高，位错密度增大。

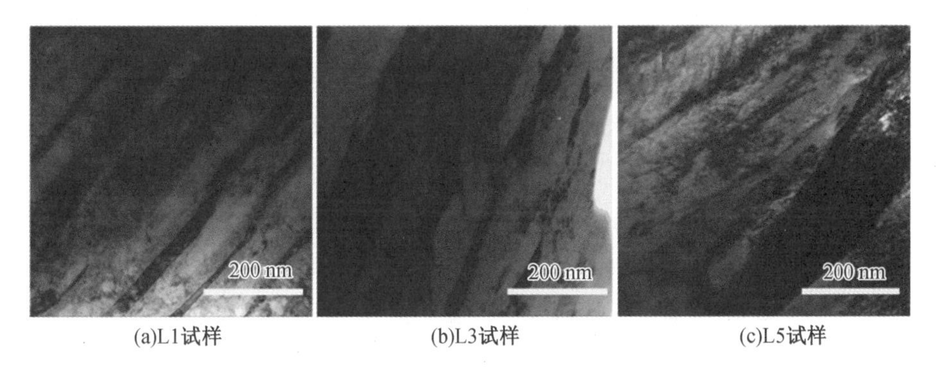

(a)L1试样　(b)L3试样　(c)L5试样

图 4-3　不同一步等温淬火温度下 ADI 基体组织的 TEM 照片

(a)L1试样低倍　(b)L1试样高倍　(c)衍射斑点

(d)L2试样低倍　(e)L2试样高倍　(f)衍射斑点

图 4-4　不同一步等温淬火温度下 ADI 基体组织内残余奥氏体的 TEM 照片

一步等温淬火温度对 ADI 基体组织内残余奥氏体含量的影响如图 4-5 所示，随着一步等温淬火温度的升高，残余奥氏体含量先降低后升高。当一步等温淬火温度为 280 ℃时，残余奥氏体含量降至最低，为 21.58%。随着一步等温淬火温度的逐渐升高，基体中的残余奥氏体含量开始逐渐回升。当温度达到 320 ℃时，残余奥氏体含量增至 24.71%。

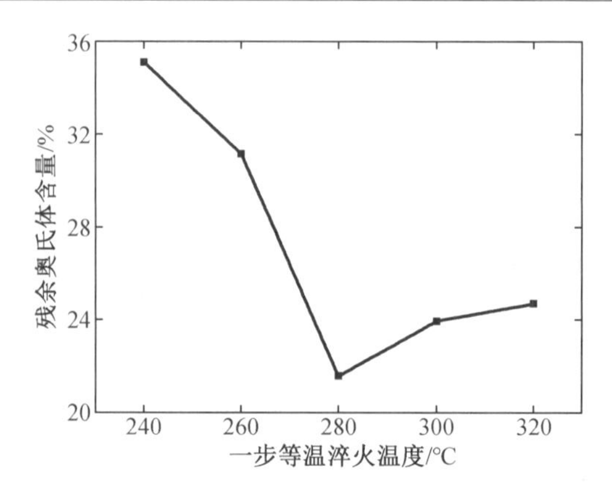

图 4-5　一步等温淬火温度对 ADI 基体组织内残余奥氏体含量的影响

图 4-6 所示为一步等温淬火温度对 ADI 基体组织内残余奥氏体碳含量的影响。与图 4-5 的变化规律类似,随着一步等温淬火温度的升高,残余奥氏体碳含量先降低后升高。当一步等温淬火温度低于 280 ℃时,残余奥氏体碳含量由 1.77% 降至 1.67%。此后,随着一步等温淬火温度的升高,残余奥氏体碳含量有所回升。当一步等温淬火温度为 320 ℃时,残余奥氏体碳含量增至 1.85%。

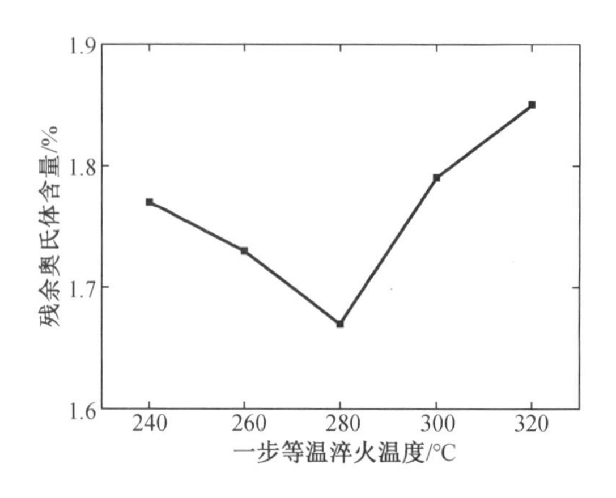

图 4-6　一步等温淬火温度对 ADI 基体组织内残余奥氏体碳含量的影响

上述现象是等温淬火过程中相变热力学与动力学共同作用的结果。根据相变热力学,一步等温淬火温度越低,过冷度越大,铁素体的形核率越高,组织越细小。当一步等温淬火温度较低时(240 ℃),由于过冷度较大,铁素体形核率较高。但碳原子在此时的扩散能力较弱,且铁素体晶粒比较细小,高碳奥氏体因此在组织中被保留下来,从而提高了组织中的残余奥氏体含量。一步等温淬火的温度升至 280 ℃时,虽然铁素体形核的过冷度减小,形核率降低,但贝氏体反应速率增大,大量铁素体在奥氏体晶粒内形核长大,铁素体含量升高,残余奥氏体含量降低。当一步等温淬火温度继续提高(320 ℃),虽然相变速率很大,但铁素体的形核率显著降低,之前生成的铁素体粗化且大量碳原子被析出,此时碳原子扩散速度进一步增加,因此大量晶粒粗大的高碳残余奥氏体形成,奥氏体含量升高。

4.1.2　二步等温淬火温度对 ADI 微观组织的影响

图 4－7 所示是不同二步等温淬火温度下 ADI 的金相组织。试样 L6～L8 的二步等温淬火温度分别为 320 ℃、360 ℃和 400 ℃。由图可知,随着二步等温淬火温度的升高,ADI 的微观组织变化不明显,均由针状铁素体和残余奥氏体构成。由图 4－7(a)和图 4－7(b)可知,在 320～360 ℃时,随着温度的升高,针状铁素体和残余奥氏体粗化。由图 4－7(c)可知,当二步等温淬火温度达400 ℃时,基体中白亮色区内形成了较贝氏体更加细小的铁素体组织,同时伴有碳化物的析出,这表明残余奥氏体发生分解。

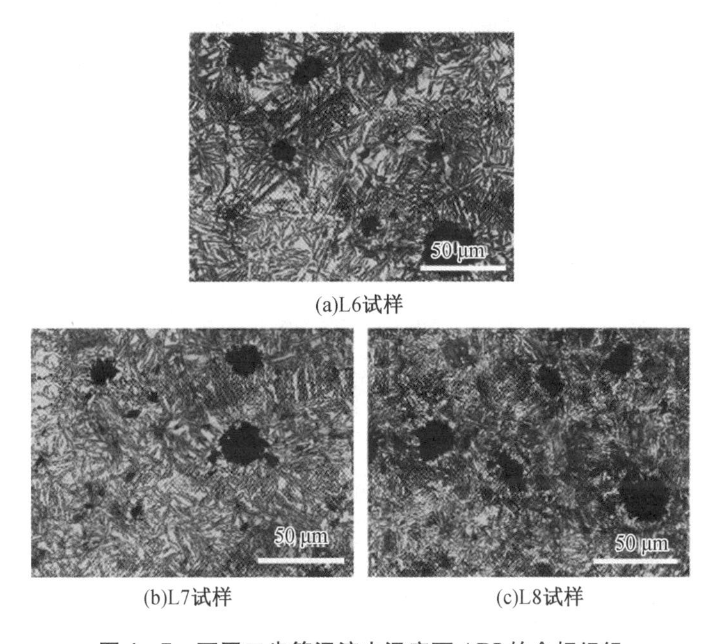

(a)L6试样

(b)L7试样　　(c)L8试样

图 4－7　不同二步等温淬火温度下 ADI 的金相组织

图 4－8 所示是不同二步等温淬火温度下 ADI 基体组织的 SEM 照片。由图可以发现,随着二步等温淬火温度的升高,微观组织明显粗化。其中,铁素体片层间距从二步等温淬火温度为 320 ℃时的 1 nm 逐渐增至 360 ℃时的 2 nm。当二步等温淬火温度升至 400 ℃时,由于残余奥氏体分解,生成十分细小的铁素体,此时已无法从图中清晰地看出铁素体的尺寸,基体组织发生显著改变。

图 4－9 所示是不同二步等温淬火温度下 ADI 基体组织的 TEM 照片。通过观察可知,随着二步等温淬火温度的升高,奥氏体片层厚度增加,从 320 ℃的 100 nm 增至 360 ℃的 200 nm。由图 4－9(c)可以发现,当二步等温淬火温度达到 400 ℃时,奥氏体片层区域中间分布着许多细小的颗粒状物质,对其放大[如图 4－9(d)]并进行选区衍射,确定该物质是 Fe_3C,由此推断此时残余奥氏体已发生分解。

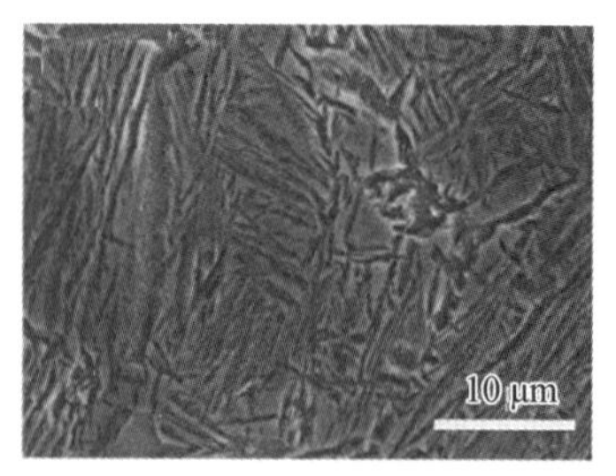

(a)L6试样

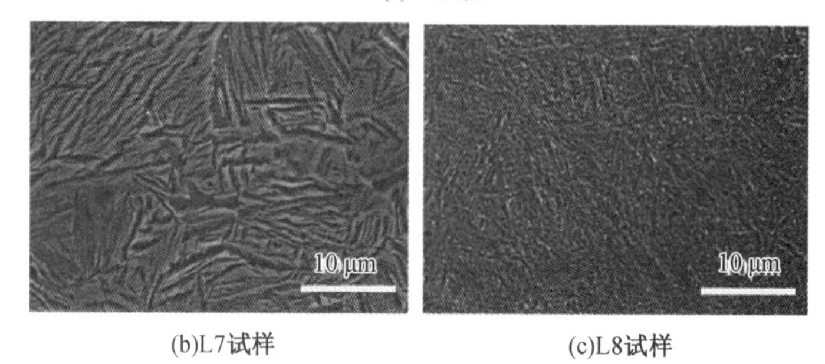

(b)L7试样　　(c)L8试样

图 4-8　不同二步等温淬火温度下 ADI 基体组织的 SEM 照片

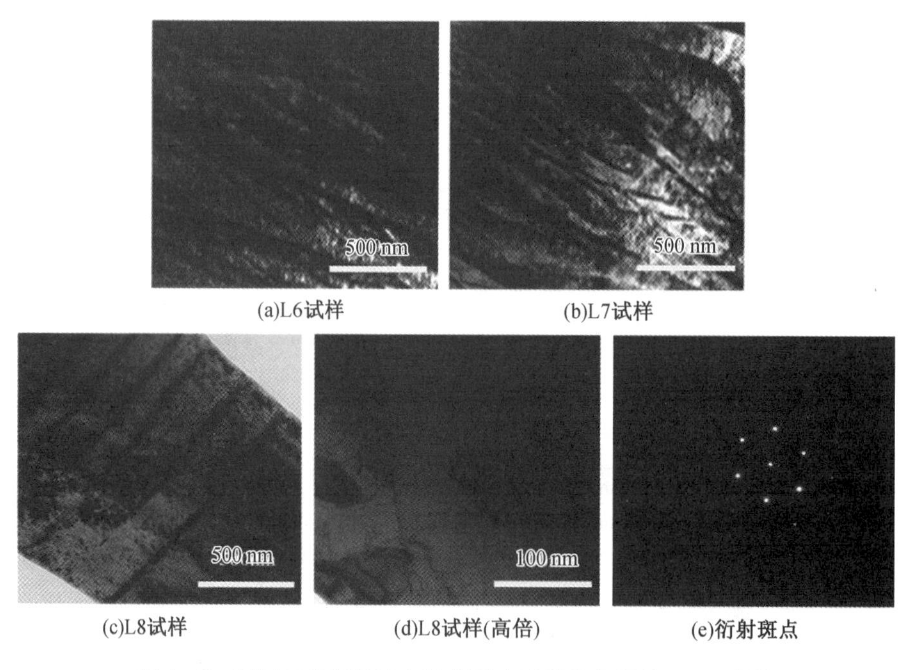

(a)L6试样　　(b)L7试样

(c)L8试样　　(d)L8试样(高倍)　　(e)衍射斑点

图 4-9　不同二步等温淬火温度下 ADI 基体组织的 TEM 照片

图 4-10 所示是二步等温淬火温度对 ADI 中残余奥氏体含量的影响。由图可知，随着二步等温淬火温度的升高，ADI 中的残余奥氏体含量逐渐降低，由 320 ℃时的 23.47% 逐步降至 360 ℃时的 21.21%，并最终降至 400 ℃时的 7.82%。这是因为二步等温淬火温度的升高使得贝氏体的相变终止点不断下降，奥氏体含量因此而逐渐增加。而随着奥氏体含量的不断升高，碳原子不断向铁素体扩散，其富碳行为逐渐被削弱，稳定性也因此下降。当二步等温淬火温度达到 400 ℃时，残余奥氏体分解，其含量大幅降低，这与图 4-9(c)所示的

结果一致。

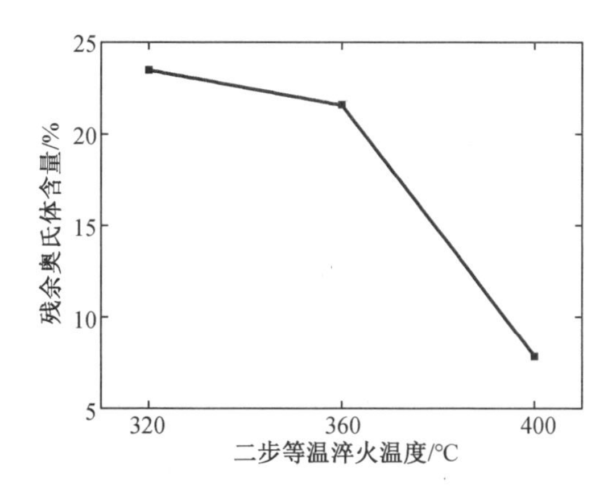

图 4－10　二步等温淬火温度对 ADI 中残余奥氏体含量的影响

图 4－11 所示是二步等温淬火温度对 ADI 中残余奥氏体碳含量的影响。与图 4－10 所示的变化规律类似，随着二步等温淬火温度的升高，ADI 中残余奥氏体碳含量逐渐降低，由 320 ℃时的 1.88% 逐步降至 360 ℃时的 1.74%，并最终降至 400 ℃时的 1.65%。

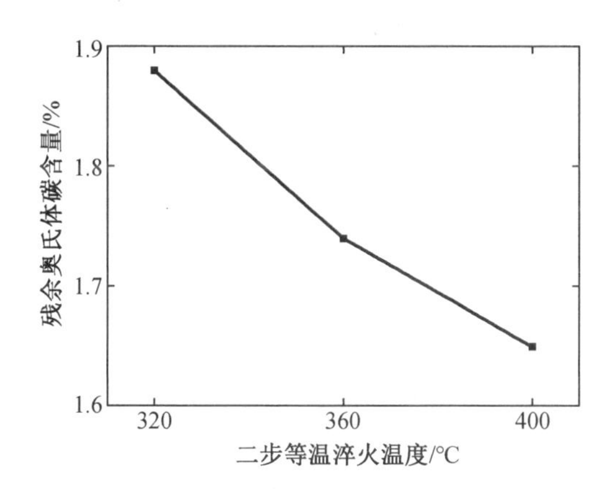

图 4－11　二步等温淬火温度对 ADI 中残余奥氏体碳含量的影响

对于完全奥氏体化的球墨铸铁，在进行等温转变时分为两个阶段：首先是奥氏体分解为铁素体和高碳奥氏体，其次是随着等温淬火反应的继续，其中的高碳奥氏体加快分解，得到更多的碳化物和铁素体。在一步等温淬火反应过程中，由于温度较低，铁素体形核的过冷度较大，形核半径较小，形核率较高，因此，铁素体快速大量形核，残余奥氏体大量生成。同时，由于一步等温淬火引发的奥氏体稳定化作用，导致 Ms 点升高，从而形成片状马氏体，而马氏体的形成是由低碳残余奥氏体分解得到的，故一步等温淬火温度为 320～360 ℃时，残余奥氏体碳含量较高。在二步等温淬火反应过程中，由于等温淬火温度较一步等温淬火反应有所提高，同时，Ms 点高于等温淬火温度，因此铁素体细化的同时，基体内的马氏体消失。此外，随着二步等温淬火温度的升高，碳原子的扩散能力增强，其扩散速度加快，从而促使残余奥氏体碳含量降低。当二步等温淬火温度继续升高（达到 400 ℃），高碳残余奥氏体分解,生成铁素体和碳化物,碳含量进一步降低。

4.1.3 一步等温淬火时间对 ADI 微观组织的影响

图 4-12 所示是不同一步等温淬火时间下 ADI 的金相组织。试样 L9~L13 的一步等温淬火时间分别为 5 min、10 min、15 min、20 min 和 25 min。由图 4-12(a)可知,当一步等温淬火时间较短时,基体中奥氏体较粗大,导致 Ms 点升高,从而生成片状马氏体。随着一步等温淬火时间的延长,基体中的针状铁素体和残余奥氏体有所细化,同时马氏体消失,如图 4-12(b)和图 4-12(c)所示。一步等温淬火时间进一步延长,针状铁素体变化不明显。

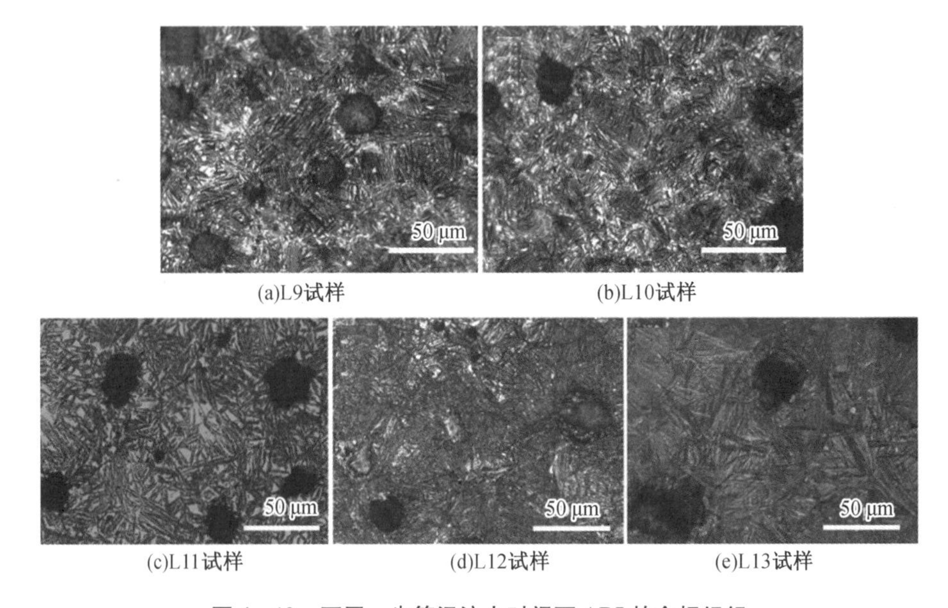

(a)L9试样 (b)L10试样

(c)L11试样 (d)L12试样 (e)L13试样

图 4-12 不同一步等温淬火时间下 ADI 的金相组织

图 4-13 所示是不同一步等温淬火时间下 ADI 基体组织的 SEM 照片。由图 4-13(a)可知,L9 试样的块状残余奥氏体内存在片状的马氏体组织,且细小的铁素体含量较少。随着一步等温淬火时间的延长,基体中的马氏体消失,同时块状残余奥氏体的尺寸明显减小。此外,虽然铁素体长度减小,但其片层间距未发生明显改变。

图 4-14 所示是不同一步等温淬火时间下 ADI 基体组织的 TEM 照片。由图可知,随着一步等温淬火时间的延长,片层状铁素体和残余奥氏体的厚度变化不大,其中铁素体片层厚度为 40~50 nm,残余奥氏体厚度为 20~30 nm,这与由图 4-12 观察的结果一致。由图 4-12 和图 4-14 可以判定,一步等温淬火时间的变化仅引起铁素体和残余奥氏体含量的改变,而铁素体和残余奥氏体的厚度未发生明显改变。这是由于当一步等温淬火温度固定时,如果铁素体通过片层厚度增加的方式实现生长,则需要克服较大的表面能;同时,由于片层加厚会导致系统的晶格畸变程度增加,因此铁素体还需要克服较高的晶格畸变能。但是,当等温淬火温度一定时,外界为系统提供的能量固定,铁素体获得的能量十分有限,不足以使其克服表面能和晶格畸变能实现生长,因此,铁素体无法以片层加厚的方式实现生长,导致片层厚度未发生明显改变。

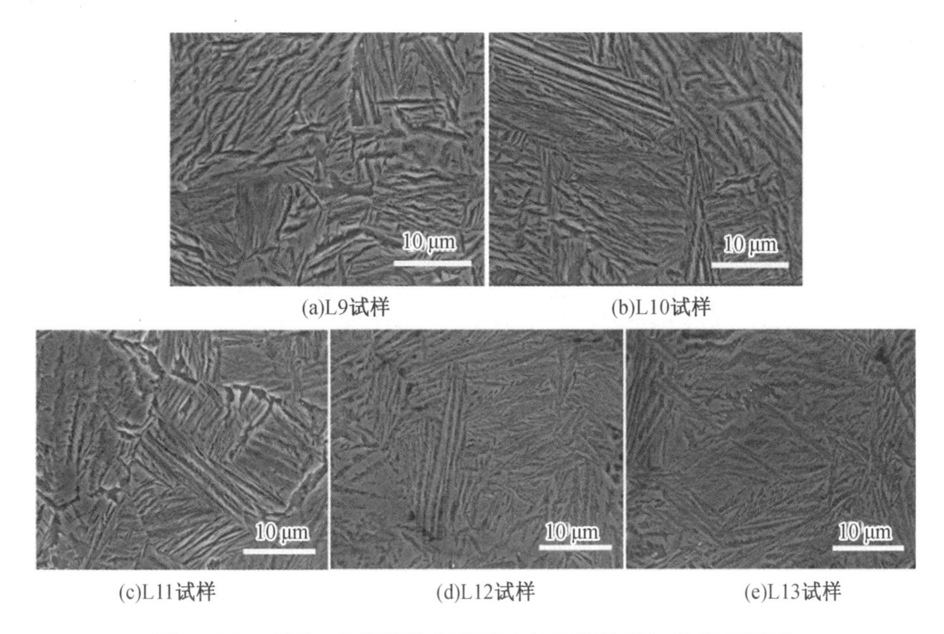

(a)L9试样　(b)L10试样

(c)L11试样　(d)L12试样　(e)L13试样

图 4－13　不同一步等温淬火时间下 ADI 基体组织的 SEM 照片

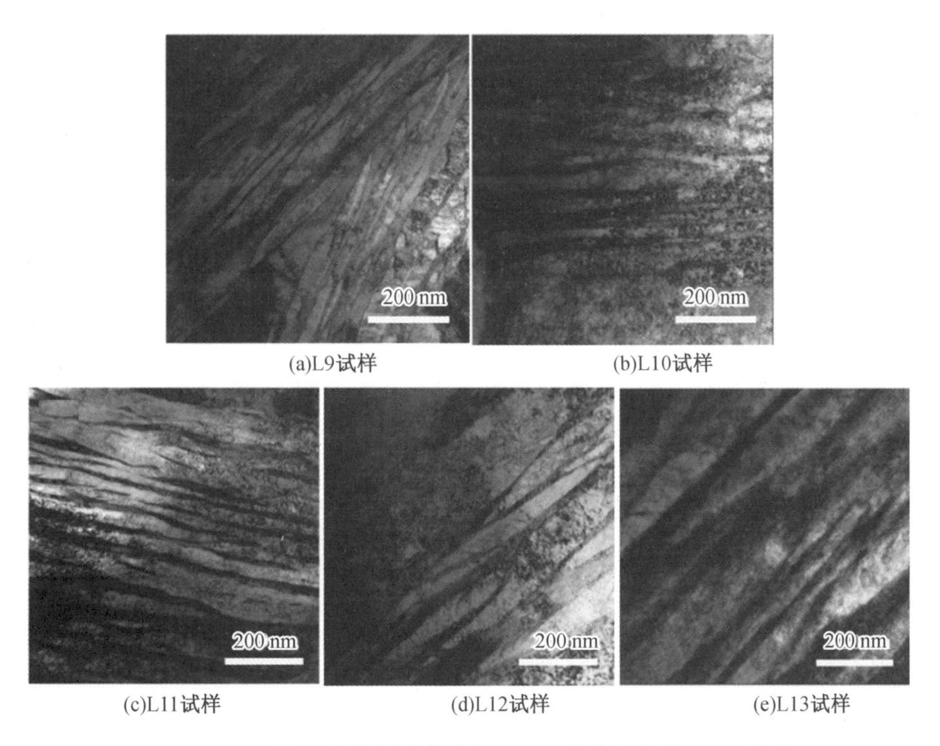

(a)L9试样　(b)L10试样

(c)L11试样　(d)L12试样　(e)L13试样

图 4－14　不同一步等温淬火时间下 ADI 基体组织的 TEM 照片

图 4－15 所示是一步等温淬火时间对 ADI 中残余奥氏体含量的影响。由图可知,随着一步等温淬火时间的延长,残余奥氏体含量先升高后降低。

图 4－16 所示是一步等温淬火时间对 ADI 中残余奥氏体碳含量的影响。与图 4－15 对比可知,其变化规律刚好相反。随着一步等温淬火时间的延长,残余奥氏体碳含量先降低

后升高。

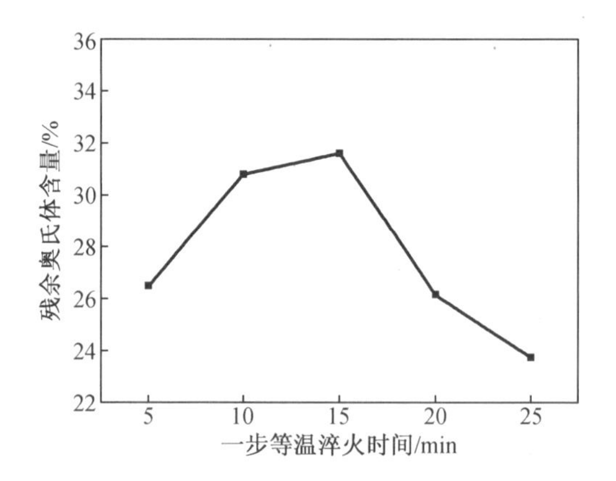

图 4-15　一步等温淬火时间对 ADI 中残余奥氏体含量的影响

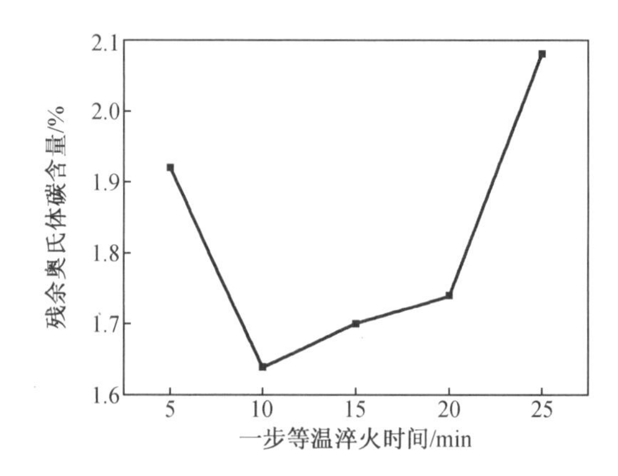

图 4-16　一步等温淬火时间对 ADI 中残余奥氏体碳含量的影响

在两步等温淬火反应过程中，等温淬火温度直接决定了 ADI 中的铁素体与奥氏体的形貌。因为等温淬火温度决定了铁素体的过冷度和形核率、碳原子扩散的速度以及残余奥氏体的分解。而等温淬火时间则通过控制铁素体的长大和碳原子扩散的时间决定了铁素体和残余奥氏体的含量。当一步等温淬火时间为 5 min 时，由于时间过短，铁素体相变反应不完全，大量未分解的奥氏体空冷后形成残余奥氏体。同时，在较高的二步等温淬火温度时，碳原子扩散速度加快，残余奥氏体碳含量和稳定性增加，残余奥氏体量也因此显著增加。进一步延长一步等温淬火的时间，受较大过冷度的影响，铁素体的形核率逐渐增大，相变反应更加充分，奥氏体分解得到细长的针状铁素体，同时残余奥氏体含量逐渐降低。

4.1.4　二步等温淬火时间对 ADI 微观组织的影响

图 4-17 所示是不同二步等温淬火时间下 ADI 的金相组织。试样 L14 ~ L17 的二步等温淬火时间分别为 30 min、50 min、70 min 和 90 min。由图可知，L14 试样中的块状残余奥氏体含量较高，且尺寸较大，但其铁素体的尺寸较为细小。随着等温淬火时间的进一步延长，块状残余奥氏体的含量逐渐减少，尺寸也逐渐减小，但是铁素体的含量没有发生明显变化，且尺寸明显增加。由此可见，二步等温淬火时间对 ADI 的基体组织影响不大。

(a)L14试样　(b)L15试样

(c)L16试样　(d)L17试样

图 4－17　不同二步等温淬火时间下 ADI 的金相组织

图 4－18 所示为不同二步等温淬火时间下 ADI 基体组织的 SEM 照片。通过照片可以看出，随着淬火时间的延长，残余奥氏体尺寸逐渐减小，而铁素体长度逐渐增加，铁素体束从短粗状逐渐转变为细长状。由图 4－18(a)可以看到，基体中分布着尺寸较大的块状残余奥氏体，且分布不均匀；位相相同的细针状铁素体构成短粗的铁素体束。随着二步等温淬火时间的延长，块状残余奥氏体含量减少，而铁素体束则逐渐转变为细长状，如图 4－18(b)和图4－18(c)所示。此后，二步等温淬火时间进一步延长，残余奥氏体和铁素体束未发生明显改变。

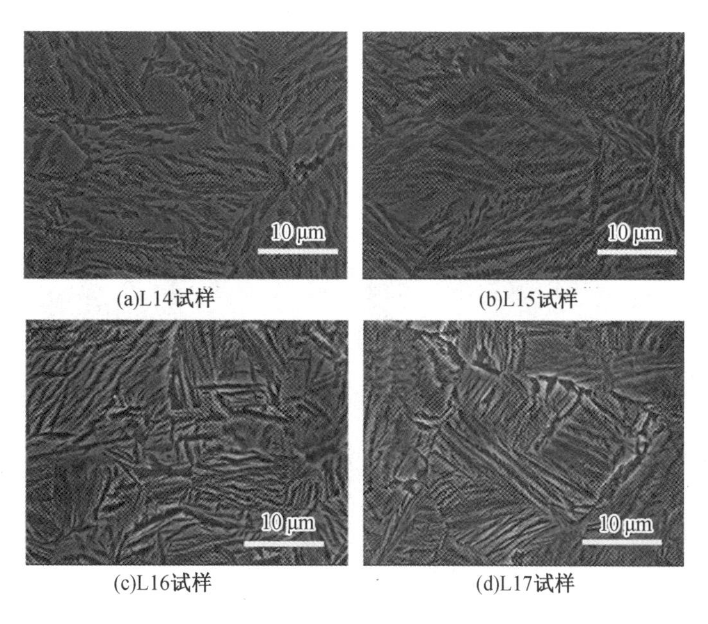

(a)L14试样　(b)L15试样

(c)L16试样　(d)L17试样

图 4－18　不同二步等温淬火时间下 ADI 基体组织的 SEM 照片

图4－19所示为不同二步等温淬火时间下ADI基体组织的TEM照片。由图可见,延长等温淬火的时间对铁素体片层的形貌与厚度都没有产生明显的影响,片层状奥氏体的厚度也未见明显变化。根据C曲线可知,等温淬火时间超过40 min时,贝氏体相变反应停止,ADI处于工艺窗口内,残余奥氏体及铁素体的含量变化很小,而等温淬火时间不影响基体组织的形貌,因此基体组织的变化较小。

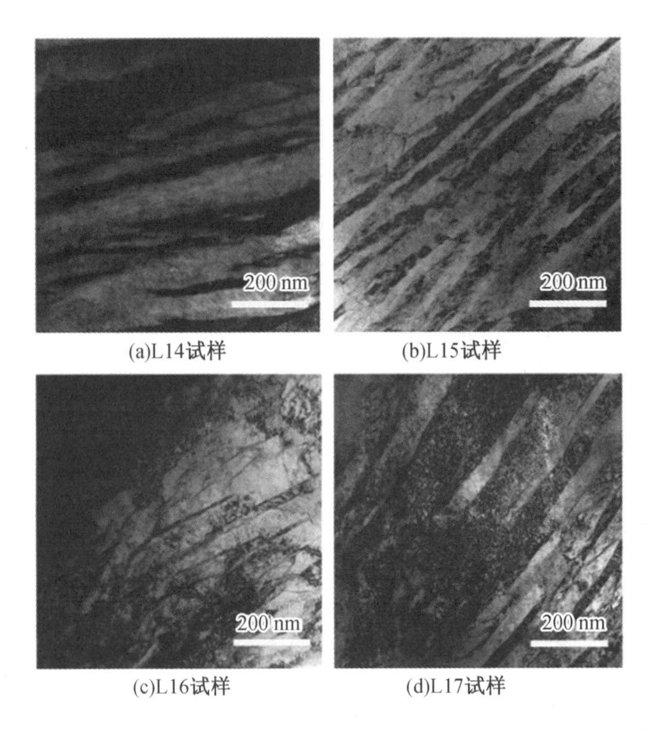

图4－19　不同二步等温淬火时间下ADI基体组织的TEM照片

图4－20所示是不同二步等温淬火时间下ADI基体组织中亚结构的TEM照片。由图可知,当二步等温淬火时间≤50 min时[图4－20(a)],残余奥氏体片层内的亚结构主要为位错,而当二步等温淬火时间>50 min时[图4－20(b)和图4－20(c)],残余奥氏体片层内的亚结构转变为层错和孪晶。

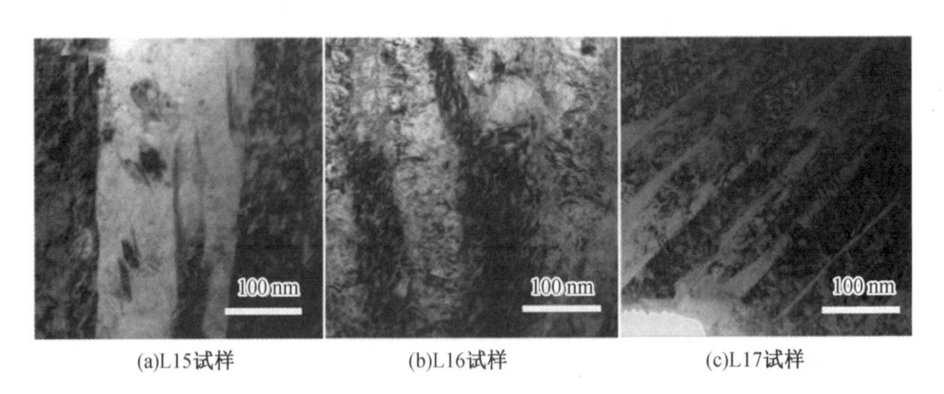

图4－20　不同二步等温淬火时间下ADI基体组织中亚结构的TEM照片

上述现象产生的原因主要有以下两点：

(1)内应力作用下，应力诱导残余奥氏体内形成层错和孪晶；

(2)二步等温淬火时间延长，增加了碳原子的扩散时间，奥氏体的层错能降低，在内应力的作用下，形成层错和孪晶。

图 4 - 21 所示为二步等温淬火时间对 ADI 中残余奥氏体含量的影响。由图可知，随着二步等温淬火时间的延长，残余奥氏体含量变化不大。这是因为二步等温淬火时间超过 40 min 时，贝氏体相变反应停止。图 4 - 22 所示为二步等温淬火时间对残余奥氏体碳含量的影响。由图可知，随着二步等温淬火时间延长，残余奥氏体碳含量逐渐升高，且增速逐渐降低。

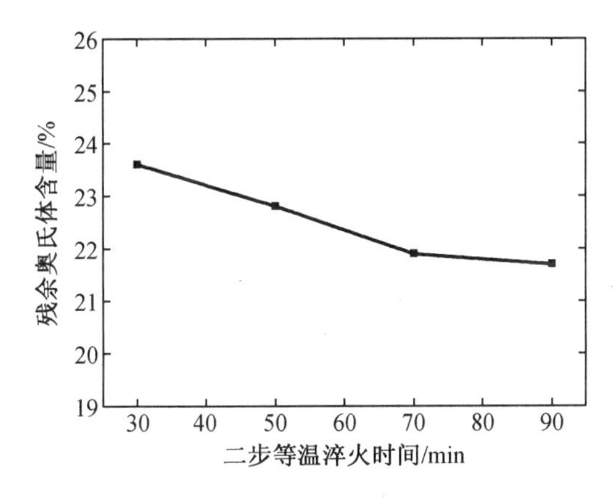

图 4 - 21　二步等温淬火时间对 ADI 中残余奥氏体含量的影响

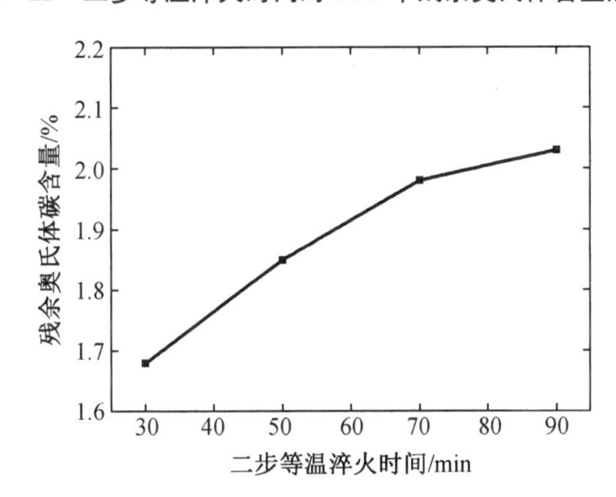

图 4 - 22　二步等温淬火时间对 ADI 中残余奥氏体碳含量的影响

4.2　两步法 ADI 中 Fe_3C 相的析出行为计算

在 4.1.1 节中，当二步等温淬火温度达到 400 ℃时，基体组织中析出 Fe_3C[图 4 - 9(d)]。Fe_3C 相的析出会对 ADI 的力学及阻尼性能产生重要影响。但是，利用当前的研究手段很难直接观察到 Fe_3C 的动态析出过程，所以本节从热力学和动力学角度入手，建立数学模型，对 Fe_3C 在 ADI 基体中的析出行为进行数值模拟，以便控制其析出行为。

4.2.1 Fe_3C 析出的热力学假设

1. Fe_3C 相与基体中的残余奥氏体界面局部平衡

ADI 中的第二相在残余奥氏体中的溶解与析出是一个可逆过程，且如果在某一温度下做长时间保温，基体中第二相的所有组成元素的含量将趋向平衡。一旦温度改变，这种平衡将被打破，第二相的组成元素含量也将不断变化，直至在某一温度下重新建立平衡。

2. 错配度基本不变

Fe_3C 与奥氏体的线膨胀系数量级同为 10^{-5}/K。但温度发生改变时，Fe_3C 的弹性模量的量级大约为 4×10^{-4}/K，因此，可认为温度变化对 Fe_3C 弹性模量的影响直接决定着比界面能的变化。由此可知，其错配度与错配度函数基本保持不变。

3. Fe_3C 粒子析出时形状为球形

Fe_3C 在 ADI 中的形貌如图 4-9(d)所示，可将其看作类球形。基于透射电镜的测定结果，在 ADI 基体的残余奥氏体中，Fe_3C 与奥氏体间的位向关系满足：$(100)_{Fe_3C}//(111)_\gamma$ 和 $[011]_{Fe_3C}//[\bar{1}01]_\gamma$。而 $[100]_{Fe_3C}//[111)]_\gamma$ 和 $[011]_{Fe_3C}//[\bar{1}01]_\gamma$ 方向的错配度分别为

$$\delta_1=\left|\frac{a_{Fe_3C}-\sqrt{3}a_\gamma}{\sqrt{3}a_\gamma}\right| \tag{4-1}$$

$$\delta_2=\left|\frac{\sqrt{2}a_{Fe_3C}-2\sqrt{2}a_\gamma}{2\sqrt{2}a_\gamma}\right| \tag{4-2}$$

式中，a_{Fe_3C}、a_γ 分别为 Fe_3C 相和 γ 相晶格常数。

根据假设 2，Fe_3C 与奥氏体的半共格界面间比界面能为

$$\sigma_1=\frac{Ga_{Fe_3C}}{2\sqrt{2}\pi(1-\nu)}f(\delta_2)=0.793\ 8-0.284\ 2\times10^{-3}T \tag{4-3}$$

$$\sigma_2=\frac{Ga_{Fe_3C}}{4\pi(1-\nu)}[f(\delta_1)+f(\delta_2)]=0.815\ 7-0.292\ 1\times10^{-3}T \tag{4-4}$$

式中，G 为剪切模量。

形状系数为

$$\eta=\frac{b_1f(\delta_1)+b_2f(\delta_2)}{2b_2f(\delta_2)}=\frac{f(\delta_1)+\frac{1}{\sqrt{2}}f(\delta_2)}{\sqrt{2}\,f(\delta_2)}=1.03 \tag{4-5}$$

式中，b_1、b_2 为几何系数。

由于基体中 Fe_3C 析出的形状系数 η 接近 1，据此可以假设 Fe_3C 析出的形状为球形。

4. Fe_3C 形核于位错

现有实验已经证明，位错对形核具有显著的促进作用。鲍尔森观察发现，在位错线上的非均匀形核，是 Fe_3C 相形核的重要方式之一。同时，位错还能促进溶质原子进行快速扩散，进而对富溶质核心的形成起到促进作用。

4.2.2 Fe_3C 析出的热力学

热力学与动力学在任何一个过程中都共同发挥着作用。在相变研究中，热力学主要用于通过分析计算出相变的驱动力，因为其决定相变倾向。这里将通过相变热力学，对 Fe_3C

的形核与长大进行计算分析，以便为模型建立提供依据。

1. 形核

固态相变指一种固相向另一种或另几种固相转变的过程。基于热力学函数，固态相变可分为三大类：一级相变、二级相变和高级相变。基于原子迁移方式，固态相变可分为两类：扩散型相变和非扩散型相变。基于相变方式，固态相变又可分为两类：有核相变和无核相变。根据上述分类标准，ADI 中第二相的析出属于一级相变、扩散型相变和形核长大型相变。本书主要以形核长大理论为基础，来分析 Fe_3C 的析出过程。

下面以假设 4 为依据，分析 Fe_3C 的形核过程。根据现有的研究结论，位错线上形核可降低弹性畸变能，同时有助于减小形核功。位错溶质原子的快速扩散，能促进富溶质核心的形成。根据卡恩理论，假设核心沿位错线析出，那么在错位线的垂直截面上，核心为圆形。假设单位长度上的球形核心半径为 r，则总自由能改变

$$\Delta G_r = \frac{4}{3}\pi r^3 \Delta G_V + 4\pi r^2 \sigma - 2Er \tag{4-6}$$

式中　ΔG_V——相变体积自由能；

σ——固/固界面表面能；

E——单位长度上的位错能。

等式右侧中的三项分别为：新母相自由能改变（<0），表面能（>0），位错能（<0）。令 $\partial \Delta G/\partial r = 0$，那么其临界半径为

$$r^* = -\frac{\sigma}{\Delta G_V}\left[-1 \pm \sqrt{1 + \frac{E\Delta G_V}{2\pi\sigma^2}}\right] \tag{4-7}$$

设 $\alpha_d = E\Delta G_V/(2\pi\sigma^2)$，由于 $\alpha_d < 0$，因此，唯有 $\alpha_d \geqslant -1$ 时，r^* 才能够得到实根；而在 $\alpha_d < -1$ 时，r^* 没有实根。图 4-23 表示的是这两种情况下所对应的 $\Delta G - r$ 曲线。分析可知，在 $\alpha_d < -1$ 时，此时存在较大的形核驱动力，$\Delta G - r$ 曲线不存在极点，因此，位错上形核并没有出现形核功。而此时如果扩散过程条件能够满足，则会自发产生相变过程。在 $\alpha_d \geqslant -1$ 时，存在较小的形核驱动力，$\Delta G - r$ 曲线中存在两个极点。若 $r = r'$，此时 ΔG 为最小值，可将其看作溶质气团。若 $r = r^*$，此时 ΔG 为最大值，且 ΔG 与形核功相等。r^* 和 r_0 核心所对应的形核自由能分别是 ΔG_{r^*} 和 ΔG_{r_0}，临界形核功 ΔG_r^* 即为二者之差：

$$\Delta G_r^* = \Delta G_{r^*} - \Delta G_{r_0} = \frac{16\pi\sigma^3}{3\Delta G_V^2}\left(1 + \frac{E\Delta G_V}{2\pi\sigma^2}\right)^{3/2} \tag{4-8}$$

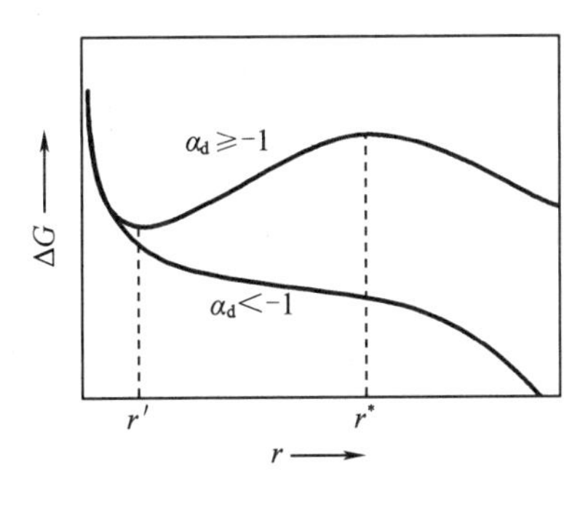

图 4-23　形核于位错线的形核自由能 ΔG 与核半径 r 的关系

而母相中位错密度决定了位错线上的形核位置。对于位错核心管道，假设其直径为

$2a$，而位错密度为 ρ，则此时在母相中，位错所对应的体积分数为 $\pi\rho a^2$，由此得到形核率为

$$I = nN_r^* pv\pi\rho a^2 \exp\left(\frac{-Q-\Delta G_r^*}{kT}\right) \tag{4-9}$$

式中　n——单位体积中形核位置的数量；

N_r^*——临界核心表面所对应的原子个数；

Q——晶界扩散激活能；

k——玻尔兹曼常数；

T——相变温度；

p、v——与温度无关的常数。

由于 N_r^* 与临界核心表面积 S^*（$S^* = 4\pi r^{*2}$）成正比，所以设 $N_r^* = br^{*2}$，其中，b 表示比例系数。令 $K = nbpv\pi\rho a^2$，可得：

$$I = Kr^{*2}\exp\left(\frac{-Q-\Delta G_r^*}{kT}\right) \tag{4-10}$$

则

$$\lg\frac{I}{K} = 2\lg r^* - \frac{\Delta G_r^* + Q}{2.303kT} \tag{4-11}$$

2. 长大

在形成晶核后，要确保其长大，必须保障原子连续进入。如果新相的成分与母相相同，那么母相上的原子就会摆脱母相依附到新相中，也由此促使界面向母相推移。由于这其中参与扩散的原子仅是界面最近邻原子，则将这种晶核长大称为界面过程控制长大。如果新相的成分与母相的不同，那么新相界面向母相推移，除需要上述过程外，还需原子的长程扩散。可见，长大过程不仅受界面过程控制，还受原子扩散过程控制。ADI 中的 Fe_3C 相析出，其成分与母相存在较大的差异，而且对于溶质原子，其需要较大的扩散激活能，并且存在较远的扩散距离，所以，溶质原子长程扩散直接影响着 Fe_3C 相的长大。

现讨论从母相 γ 中析出 Fe_3C 相的问题。设垂直界面坐标 r，C_γ 为母相的成分，C_β 为析出相的成分。在 $\mathrm{d}t$ 时间内，界面推移距离为 $\mathrm{d}r$，则新相所吸收溶质原子数为：$\mathrm{d}r(C_\beta - C_\gamma)$。在 $\mathrm{d}t$ 时间内，单位界面内扩散的原子数为：$\mathrm{d}t \cdot D(\partial C/\partial r)_{r=\eta}$[其中 D 代表扩散系数，$(\partial C/\partial r)_{r=\eta}$ 代表界面附近原子浓度的梯度，η 代表界面位置]，由此可知其长大速率为

$$v = \left(\frac{\mathrm{d}r}{\mathrm{d}t}\right)_{r=\eta} = \frac{D}{C_\beta - C_\alpha}\left(\frac{\partial C}{\partial r}\right)_{r=\eta} \tag{4-12}$$

长程扩散必须满足以下扩散方程：

$$\frac{\partial C}{\partial t} = D\nabla^2 C \tag{4-13}$$

相界面附近的原子的浓度为时间与距离的函数，故 $C = C(r,t)$，初始条件和边界条件分别见式(4-14)和式(4-15)：

$$C(r,0) = C_0 \tag{4-14}$$

$$C(r=\eta,t) = C_\alpha, C(r=\infty,t) = C_0 \tag{4-15}$$

将式(4-14)、式(4-15)代入式(4-13)中，得到解 $C = C(r,t)$，将其代入式(4-12)，

求出析出相β的长大速率和尺寸变化规律。

基于假设3,设析出相β为球形,则其析出为三维长大过程。设 Fe_3C 的半径为 R,则:

$$R = a\sqrt{Dt} \tag{4-16}$$

式中 a 的准确解 a_1 满足式(4-17):

$$a_1^2 - \frac{1}{2}\sqrt{\pi}a_1^3\exp\left(\frac{a_1^2}{4}\right)\mathrm{erf}\left(\frac{a_1}{2}\right) = -k \tag{4-17}$$

式中,k 为过饱和度:

$$k = \frac{2(C_0 - C_\alpha)}{C_\beta - C_\alpha} \tag{4-18}$$

对上式做近似处理以简化计算。对于球墨铸铁,近似方法主要有两种:一种是不变扩散场近似[$(\partial C/\partial t)\to 0$],另一种是不变尺寸近似(界面固定)。

不变扩散场近似解为

$$a_2 = \sqrt{-k} \tag{4-19}$$

不变尺寸近似解为

$$a_3 = \frac{-k}{2\sqrt{\pi}} + \sqrt{\frac{k^2}{4\pi} - k} \tag{4-20}$$

当 $|k|\to 0$ 时,$\lim a_2 \to \lim a_3 \to \lim a_1$,两种近似方法所得到的结果相同,都趋于准确解 a_1。代入式(4-16)中,可得到随时间变化所对应的 Fe_3C 半径 R:

$$R = \sqrt{-kDt} = \sqrt{\frac{2(C_0 - C_\alpha)}{C_\beta - C_\alpha}Dt} \tag{4-21}$$

4.2.3 Fe_3C 析出的动力学

根据经典动力学理论,设长大速度与形核率为一固定值。球形新相晶核的形成是在时间 t 前某一时刻 τ,长大速度设定为 v,晶核半径在 t 时刻的数值为 $R = v(t-\tau)$,则其体积为 $4\pi v^3(t-\tau)^3/3$。同时,设新相晶核的形核率为 I,系统总体积为 V,已转变 Fe_3C 体积为 V_β,则剩余体积 $V_\gamma = V - V_\beta$。因而,在一段时间 $d\tau$ 内,新相晶核用 $IV_\gamma d\tau$ 表示,则在该时段已完成转变的 V_β 为

$$V_\beta = \int_0^t \frac{4}{3}\pi v^3(t-\tau)^3 IV_\gamma d\tau \tag{4-22}$$

由于不同时间内 V_γ 不同,所以上式不能直接计算。故设母相体积固定且为 V,式(4-22)转变成:

$$V_{\beta ex} = \int_0^t \frac{4}{3}\pi v^3(t-\tau)^3 IV d\tau \tag{4-23}$$

单位体积内,已转变的体积分数为:$X = V_\beta/V$,未转变部分的体积分数为 $(1-X) = V_\gamma/V$,$d\tau$ 时间内假设转变体积分数对应为:$X_{\beta ex} = V_{\beta ex}/V$,则实际和假设转变体积分数($dX$ 和 $dX_{\beta ex}$)两者的关系为

$$dX = (1-X)dX_{\beta ex} \tag{4-24}$$

积分并代入式(4-23)得

$$X = 1 - \exp\left(-\int_0^t V_\tau I_\tau \mathrm{d}\tau\right) \tag{4-25}$$

又因为长大速度和形核率均固定不变,则

$$X = 1 - \exp\left(-\int_0^t VI\mathrm{d}\tau\right) \tag{4-26}$$

但在实际过程中二者并非固定不变,所以,Avrami 通过修正,构建了经验动力学方程:

$$X = 1 - \exp(-Bt^n) \tag{4-27}$$

式中　B——能量系数,由界面能、相变自由能以及相变温度等决定;

n——时间指数,由形核、长大机制等相变类型决定。

当第二相形核于位错线上时,为了确保相变的持续,基体内的溶质原子会源源不断地扩散至位错线上,再以管道扩散到达析出相核心,促进其长大。由于体扩散不易实现,因此在相变进程中,溶质原子扩散成为最主要的控制因素。式(4-28)能够用来表述在时间维度下线状析出相半径的变化情况,其实质为位错管道增粗,所对应的析出相体积变化为 $l\pi r^2 = \pi l a^2 Dt$,l 表示位错线长度,则可得到形核率恒定时所对应的计算动力学方程:

$$X = 1 - \exp\left(-\int_0^t I_\gamma \pi l a^2 D(t-\tau)\mathrm{d}\tau\right) = 1 - \exp\left(-\frac{\pi}{2} I_\gamma l a^2 D t^2\right) \tag{4-28}$$

式中,I_γ 为 γ 相形核率。

基于上述关系,可得出形核率衰减为 0(τ_1)时,其方程为

$$X = 1 - \exp(-\pi I_\gamma \tau_1 l a^2 Dt) \tag{4-29}$$

将式(4-28)、式(4-29)分别联立式(4-27),在温度保持不变时,随着时间的延长,相转换量发生改变,取其对数并线性回归可获得 B、n 值,将该值代入式(4-28)和式(4-29)后得:

$$\lg \frac{t_{0.05}}{t_0} = -0.645 + \lg r^* + \left(1 + \frac{E\Delta G_V}{2\pi\sigma^2}\right)^{3/2} \Delta G^*/2kT + 5Q/6kT \tag{4-30}$$

$$\lg \frac{t_{0.05}}{t_0} = -1.290 - 2\lg r^* + \left(1 + \frac{E\Delta G_V}{2\pi\sigma^2}\right)^{3/2} \Delta G^*/kT + 5Q/3kT \tag{4-31}$$

4.2.4　Fe_3C 析出过程的数值模拟

在模拟过程中,首先输入相应 ADI 的成分,以 L1 试样为例,输入 91.2(Fe 的成分)2.1(C 的成分)(以基体碳含量占总碳含量的 60% 计算),再逐一输入相关温度及时间等参数。借助相关函数对其温度区间内的 r^*、$\lg(t_{0.05}/t_0)$、$\lg(I/K)$ 等相关数据予以计算并拟合即获得相关曲线。数值模拟流程如图 4-24 所示。

由 2.1 节 ADI 的化学成分可知,各试样的 Fe、C 成分基本相同,测得曲线基本重合,ADI 试样的 $T-r^*$、形核率-温度(NrT)、析出-温度-时间(PTT)曲线,如图 4-25 至图 4-27。

由图 4-25 可知,在 226~568 ℃,Fe_3C 的临界晶核半径为 0.13~0.39 nm。同时,ADI 的临界晶核半径均随析出温度的降低而减小,这证实了 4.2.3 节的分析。4.1.1 节和 4.1.2 节中,Fe_3C 的析出温度分别 240 ℃和 400 ℃,均在此温度区间内,进一步证明了该计算模型的准确性。

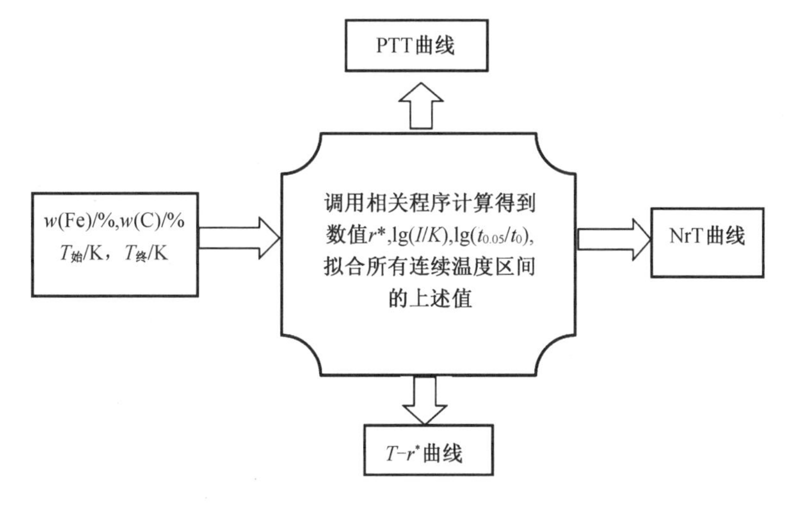

图 4－24　数值模拟流程图

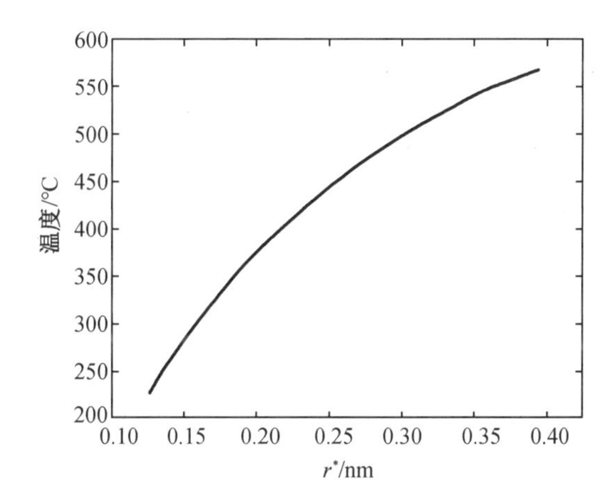

图 4－25　ADI 中 Fe_3C 析出的 $T-r^*$ 曲线

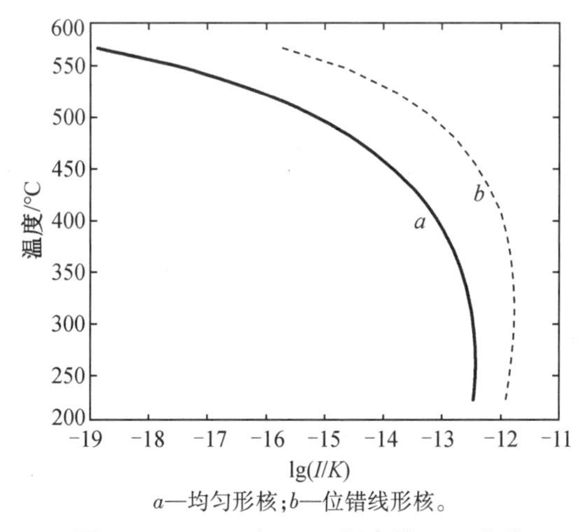

a—均匀形核；b—位错线形核。

图 4－26　ADI 中 Fe_3C 析出的 NrT 曲线

由图 4-26 和图 4-27 可知，Fe_3C 在基体中析出的有效温度区间为 226～568 ℃。在此区间内，在位错线上的形核率比均匀形核率明显升高，同时 Fe_3C 析出的开始时间也显著提前。由此可知，位错线形核是 ADI 中 Fe_3C 析出的重要方式。此外，从图中还可知，Fe_3C 的最大形核率温度约为 274 ℃(均匀形核)与 328 ℃(位错线形核)，最快析出温度约为 365 ℃(均匀形核)与 398 ℃(位错线形核)。

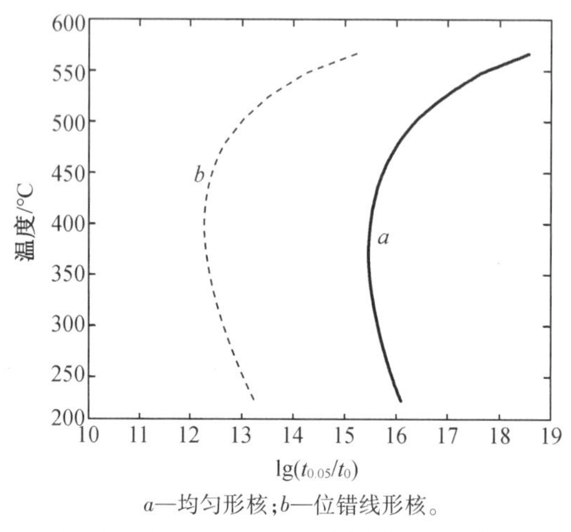

a—均匀形核；*b*—位错线形核。

图 4-27 ADI 中 Fe_3C 析出的 PTT 曲线

4.3 热处理工艺对两步法 ADI 力学性能的影响

4.3.1 一步等温淬火温度对 ADI 力学性能的影响

图 4-28 所示是一步等温淬火温度对 ADI 力学性能的影响。由图可知，随着一步等温淬火温度的升高，ADI 的抗拉强度、屈服强度和伸长率均先增加后减小，在一步等温淬火温度为 280 ℃时三者升至最大，分别达到 1 320 MPa、1 230 MPa 和 13%。随温度的升高，ADI 的冲击功先降低后升高，在一步等温淬火温度为 280 ℃时达到最大值(92.4 J)。此后一步等温淬火温度继续升高，ADI 的冲击功变化不大。

由图 4-1、图 4-2 和图 4-5 可知，当一步等温淬火温度低于 280 ℃时，随着一步等温淬火温度的升高，ADI 基体组织中的针状铁素体长度和数量均逐渐增加，且残余奥氏体含量逐渐降低。在 ADI 中铁素体是强化相，残余奥氏体是塑韧相。因此，材料的抗拉强度和屈服强度均逐渐增加。虽然残余奥氏体含量减少，但 ADI 的伸长率却逐渐升高。这主要是由于温度升高，基体内的马氏体发生相变(图 4-4)，材料塑性增加，伸长率增加。当温度高于 280 ℃后，铁素体含量降低，残余奥氏体含量升高，且二者组织均明显粗化，因此 ADI 的抗拉强度、屈服强度和伸长率均显著降低。

冲击功是材料在外力作用下快速变形断裂时所吸收的能量，是衡量材料韧性的重要指标。前已述及，ADI 中铁素体是强化相，残余奥氏体是塑韧相，因此其冲击功变化趋势应当与残余奥氏体含量的变化趋势一致。然而，对比图 4－5 和图 4－28（d）可以发现，二者的变化趋势并不一致，这是由于除残余奥氏体含量外，残余奥氏体的稳定性也对冲击韧性产生影响，在二者的共同作用下，ADI 的冲击功先降低后升高。

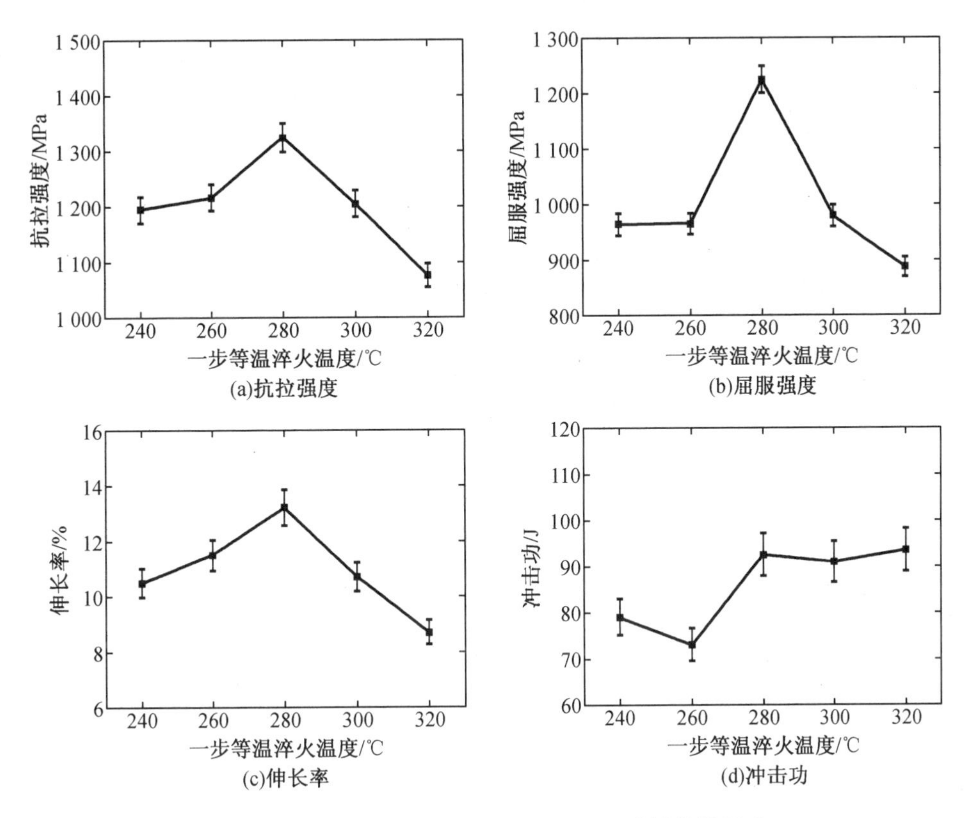

图 4－28　一步等温淬火温度对 ADI 力学性能的影响

图 4－29 所示是一步等温淬火温度对 ADI 冲击断口的影响。比较 L1～L5 试样的冲击断口，当温度为 240 ℃时，在石墨球的周围不仅存在大量的解理台阶，还分布有大量冰糖状形貌的解理面，由此可判断，此时是穿晶－沿晶混合的脆性解理断裂；而随着温度的升高，在石墨球边缘可见大量细小韧窝密集分布，同时在石墨球凹坑之间有明显的台阶状解理面分布，此时是准解理脆性断裂，如图 4－29（c）所示；温度继续升高［图 4－29（d）和图 4－29（e）］，大量冰糖状形貌的解理面分布在断口中，同时在石墨球周围未见明显的基体变形，由此可知，此时以沿晶断裂为主，属脆性断裂。

4.3.2　二步等温淬火温度对 ADI 力学性能的影响

二步等温淬火温度对 ADI 力学性能的影响如图 4－30 所示。由图可知，随着二步等温淬火温度的升高，ADI 的抗拉强度和屈服强度总体变化不大，分别在 1 290～1 330 MPa 和 1 180～1 230 MPa波动。ADI 的伸长率和冲击功随等温淬火温度的升高显著降低，伸长率从 320 ℃的 11.8% 降至 400 ℃的 5.1%，冲击功从 320 ℃的 125 J 降至 400 ℃的 46 J，降幅分别为56.8%和63.2%。

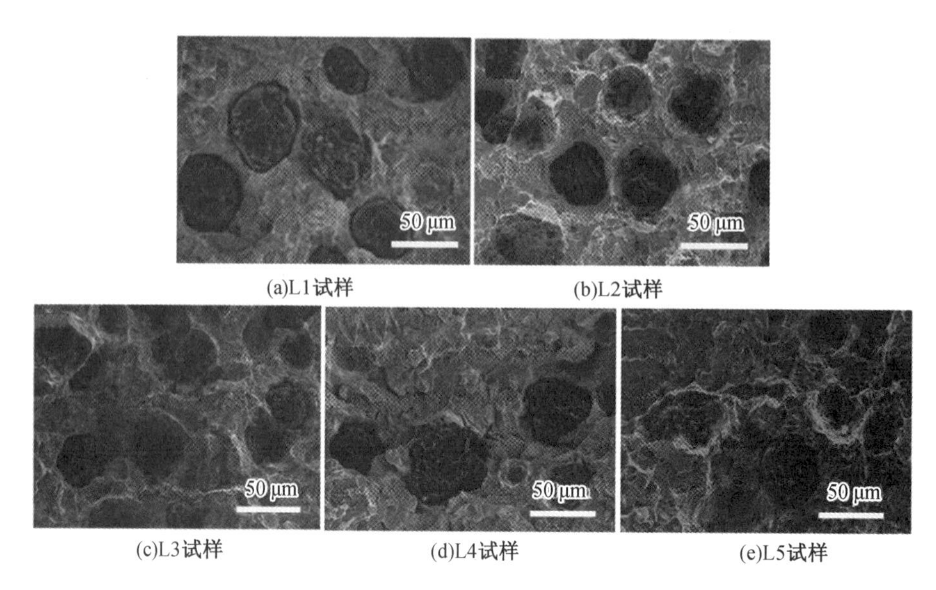

(a)L1试样 (b)L2试样 (c)L3试样 (d)L4试样 (e)L5试样

图4-29 一步等温淬火温度对ADI冲击断口的影响

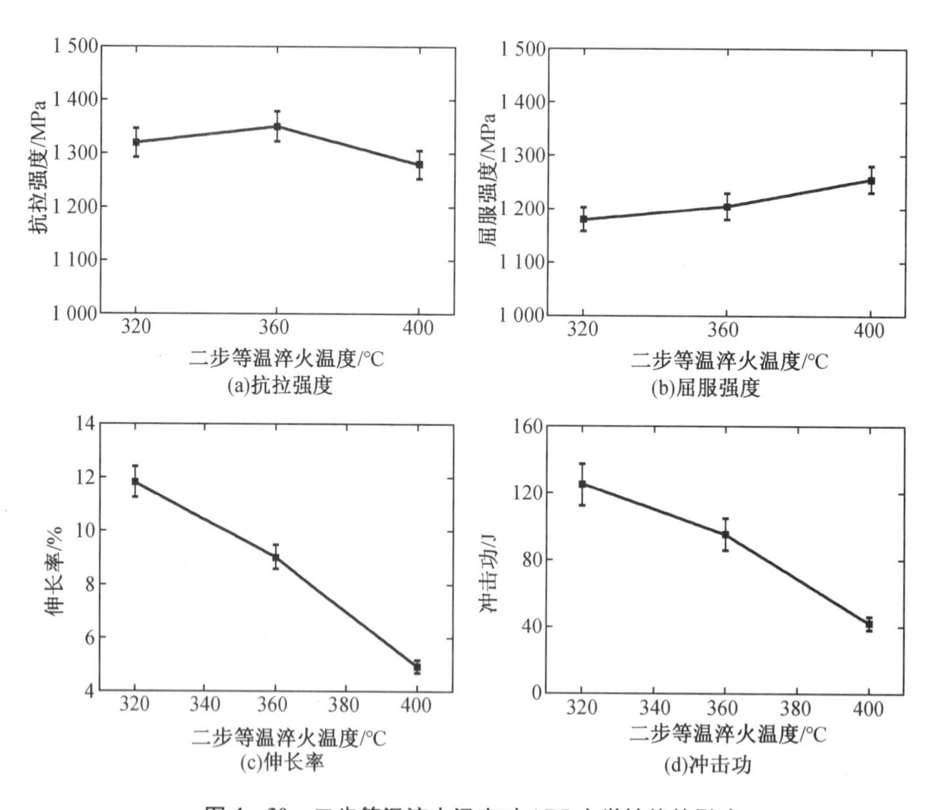

(a)抗拉强度 (b)屈服强度 (c)伸长率 (d)冲击功

图4-30 二步等温淬火温度对ADI力学性能的影响

由图4-7和图4-10可知，随着二步等温淬火温度的升高，ADI的基体组织明显粗化，同时残余奥氏体含量不断降低。当温度为400 ℃时，基体内大量的残余奥氏体分解，其含量显著降低。因此，ADI 的伸长率和冲击功明显降低。但 ADI 的抗拉强度和屈服强度却未发生明显改变。这是由于基体组织中的残余奥氏体发生分解，生成了硬脆相 Fe_3C 所致。因此，随着二步等温淬火温度的升高，材料强度未发生明显变化，但塑韧性显著降低。

图 4－31 所示是二步等温淬火温度对 ADI 冲击断口的影响。由图可见，ADI 的断裂方式随温度的升高，从准解理断裂方式逐渐转变为脆性解理断裂。如图 4－31 所示，L6 试样的冲击断口中存在明显的河流花样，且石墨球四周基体被撕裂，沿撕裂起伏处存在大量韧窝，这表明材料发生准解理断裂；随着二步等温淬火温度的升高，L7 试样的断口中呈撕裂状的石墨球数量减少，撕裂程度也有所减小，同时断口内出现解理台阶，但断裂方式依然为准解理断裂。当等温淬火温度升至 400 ℃时，L8 试样的断口中已无法观察到变形石墨球坑的存在，同时断口中存在着非常多的解理面，且其表面光滑。由此可知，此时断裂以脆性解理断裂为主。

随着二步等温淬火温度的升高，ADI 的断裂方式从准解理断裂逐渐转变为脆性解理断裂。其断裂方式主要与 ADI 中残余奥氏体的含量有关。由图 4－10 可知，当二步等温淬火温度为 320 ℃时，残余奥氏体含量为 23.5%，ADI 具有良好的韧性。温度升高，基体中的塑韧相残余奥氏体显著减少。尤其是在 400 ℃时，残余奥氏体分解生成硬脆相 Fe_3C，使材料塑性和韧性显著降低，因此在冲击载荷作用下，其断裂方式为脆性解理断裂。

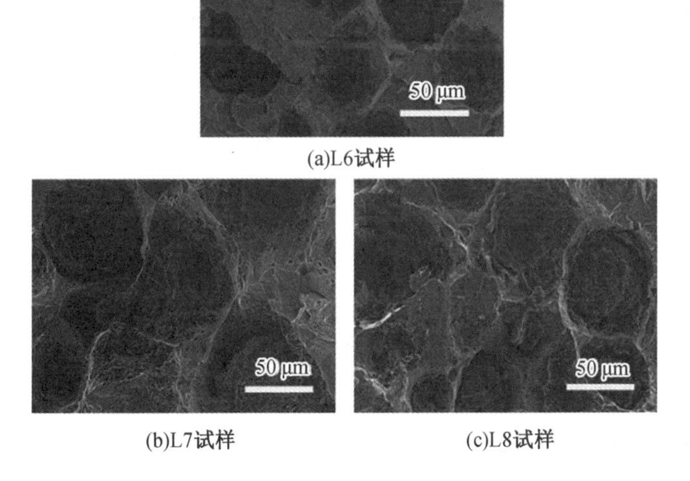

(a)L6试样

(b)L7试样　　(c)L8试样

图 4－31　二步等温淬火温度对 ADI 冲击断口的影响

4.3.3　一步等温淬火时间对 ADI 力学性能的影响

图 4－32 所示是一步等温淬火时间对 ADI 力学性能的影响。由图可知，随着一步等温淬火时间的延长，材料的抗拉强度和屈服强度均增大，分别从 5 min 时的 1 280 MPa 和 1 100 MPa逐渐升高到 25 min 时的 1 380 MPa 和 1 270 MPa。但是，ADI 的伸长率和冲击功则随着一步等温淬火时间的延长逐渐降低，分别从 5 min 时的 11.3% 和 136 J 逐渐降低至 25 min 时的 7.2% 和 112 J。由图 4－12 和图 4－15 可以看出，基体中的残余奥氏体和铁素

体形貌没有发生明显变化,但铁素体含量增加,残余奥氏体含量降低。因此,ADI 的强度逐渐升高,塑性和韧性逐渐降低。

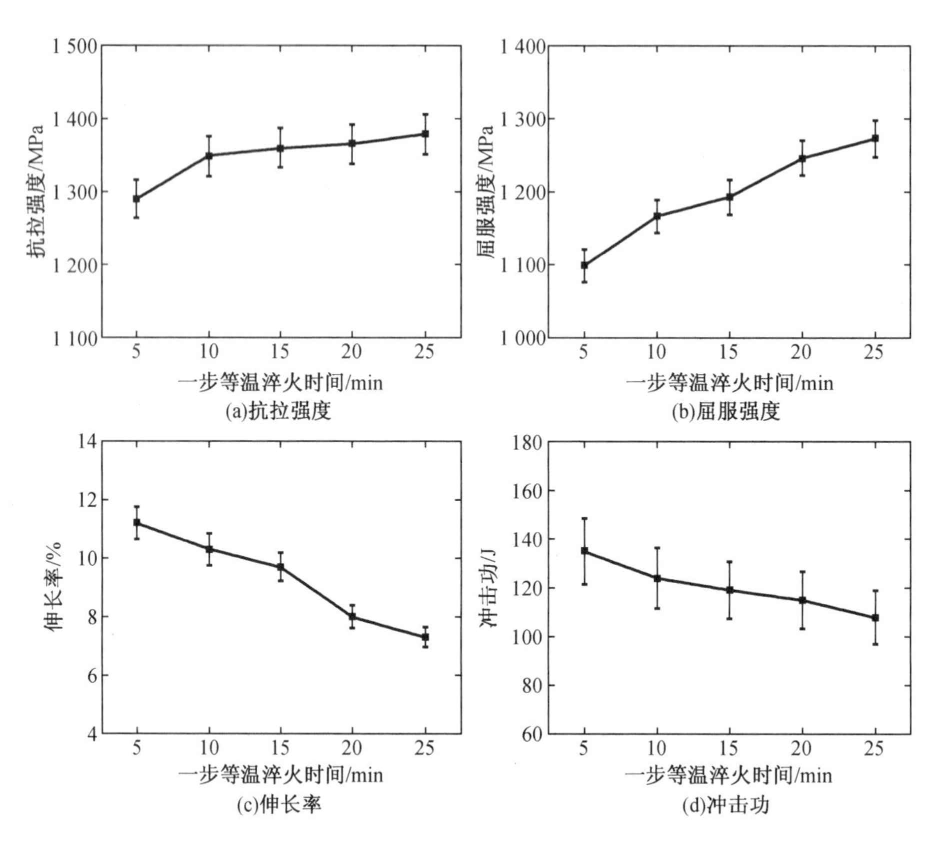

图 4-32　一步等温淬火时间对 ADI 力学性能的影响

图 4-33 所示为一步等温淬火时间对 ADI 冲击断口的影响。由图可见,L9 试样的断口中石墨球周围存在撕裂棱和解理面,但数量较少,且解理面较为平坦光滑,因此其断裂机制属于准解理脆性断裂。随着一步等温淬火时间的延长,L10 ~ L12 试样断口中的撕裂棱和解理面数量不断增加,但仍属于准解理断裂。当一步等温淬火时间进一步延长,L13 试样的断口中撕裂状石墨减少,解理面逐渐变得平坦而光滑,这表明断裂方式为脆性解理断裂。上述现象表明,随着等温淬火时间的延长,材料抗冲击变形能力逐渐降低,这主要与铁素体和残余奥氏体含量的变化有关。由图 4-12 和图 4-15 可知,随着淬火时间的延长,基体组织中的残余奥氏体减少,而铁素体增加,因此,材料的强度逐渐升高,韧性逐渐降低。

4.3.4　二步等温淬火时间对 ADI 力学性能的影响

图 4-34 所示是二步等温淬火时间对 ADI 力学性能的影响。由图可见,随着二步等温淬火时间的延长,抗拉强度、屈服强度和伸长率均逐渐增大,但增幅不大,分别从 30 min 时的 1 320 MPa、1 188 MPa 和 7.8% 升高到 90 min 时的 1 352 MPa、1 293 MPa 和 8.6% 均达到最大值。进一步延长二步等温淬火时间,其冲击功不断下降,从 30 min 时的 133 J 逐渐降至 90 min 时的 115 J。

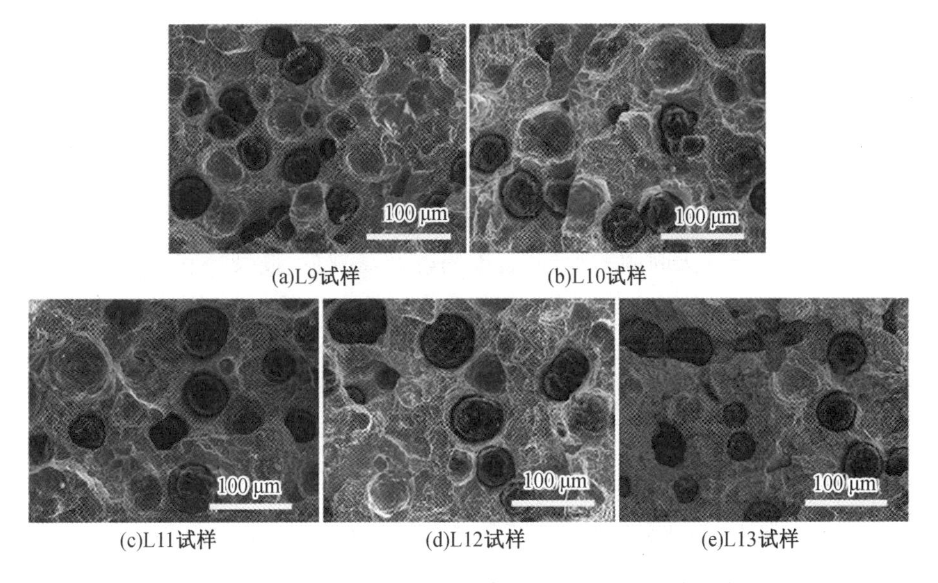

图 4－33　一步等温淬火时间对 ADI 冲击断口的影响

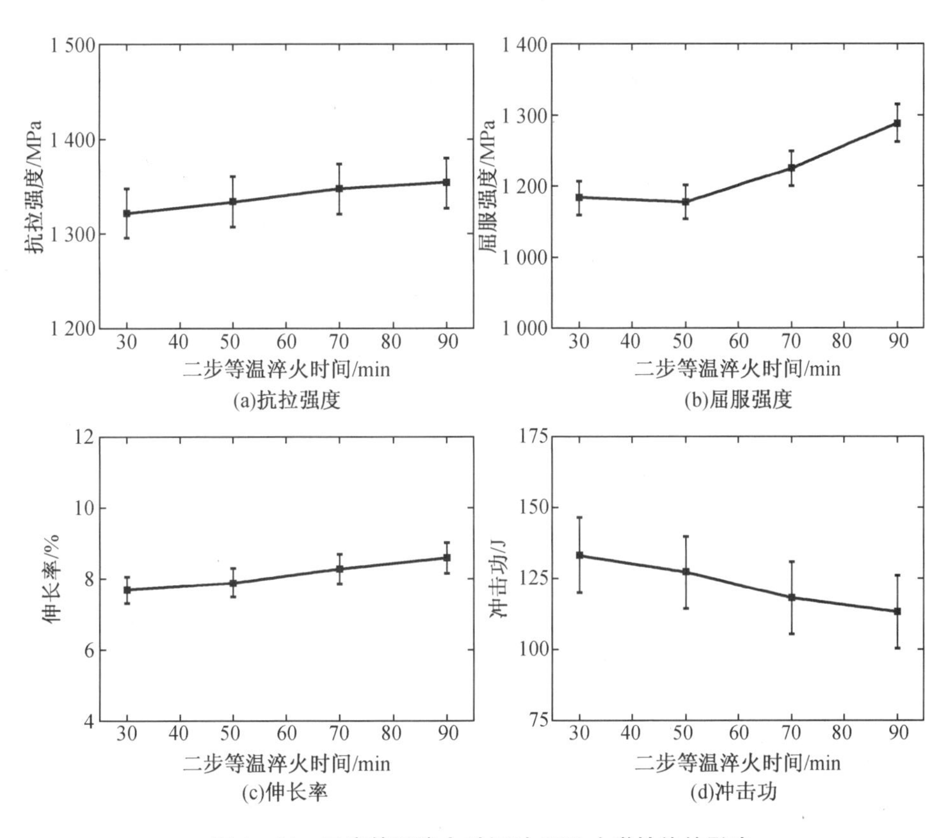

图 4－34　二步等温淬火时间对 ADI 力学性能的影响

由上述实验结果可知，材料的力学性能并未随二步等温淬火时间的延长发生明显改变，这主要与基体的微观组织变化不大有关。结合图 4－17 可知，块状残余奥氏体含量随二步等温淬火时间的延长显著减少，故材料的抗拉强度、屈服强度和冲击功均逐渐降低。但是，ADI 的伸长率却并未随残余奥氏体含量的减少而降低，这主要是由于随着二步等温淬火时间的延长,残余奥氏体中出现了层错和孪晶,残余奥氏体内的界面面积大幅增加,滑移系增多,ADI 的塑性增强,伸长率增加。

图 4 - 35 所示为二步等温淬火时间对 ADI 冲击断口的影响。通过观察可以发现,虽然淬火时间不同,但试样的断裂方式均为准解理脆性断裂。由图 4 - 35（a）可知,当二步等温淬火时间为 30 min 时,断口中存在少量河流花样,且石墨周围存在韧窝,其断裂机制为准解理断裂。随着二步等温淬火时间的延长,石墨周围韧窝减少,撕裂棱和解理面增加[图 4 - 35(b)和图 4 - 35(c)]。当二步等温淬火时间为 90 min 时,断口中撕裂状石墨减少,解理面和解理台阶数量增加,但断裂方式没有发生改变,依然为准解理断裂。上述结果与图 4 - 34(d)吻合。由图 4 - 34(d)可知,ADI 的冲击功虽略有降低但降幅较小(仅为 6.1%),这是由于二步等温淬火时间延长并未引起 ADI 中铁素体和残余奥氏体形貌及含量的显著变化。

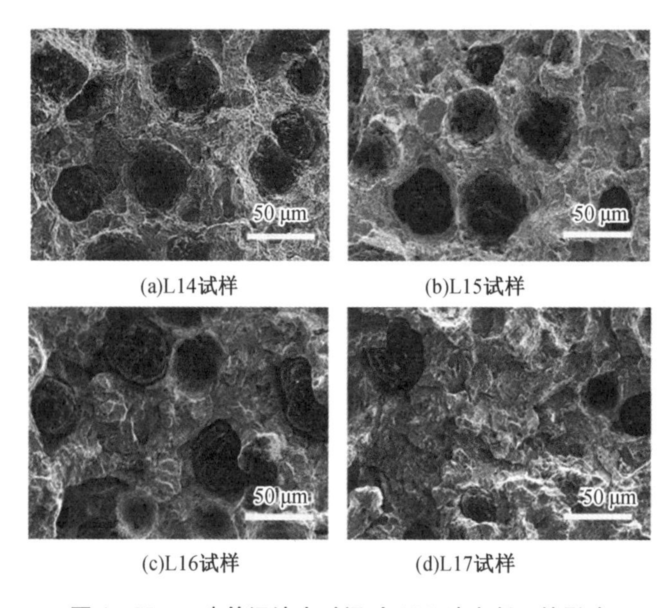

(a)L14试样　(b)L15试样

(c)L16试样　(d)L17试样

图 4 - 35　二步等温淬火时间对 ADI 冲击断口的影响

4.4　热处理工艺对两步法 ADI 阻尼性能的影响

4.4.1　一步等温淬火温度对 ADI 阻尼性能的影响

图 4 - 36 所示是一步等温淬火温度对 ADI 阻尼 - 应变谱曲线的影响。由图可知,5 组试样的阻尼 - 应变曲线呈现相同的变化趋势,即内耗值随应变振幅的增加而增大。由图中还可发现,当应变振幅相同时,一步等温淬火温度为 280 ℃试样的阻尼值远高于其他试样。这主要与其基体中的铁素体/奥氏体的界面面积和晶界面积较大有关。由 4.1.1 节可知,当温度低于 280 ℃时,随着一步等温淬火温度的升高,针状铁素体长度、数量均逐渐增加,基体中铁素体/奥氏体界面面积增加,同时,基体晶粒明显细化,晶界面积也大幅增加,在相同外

应力作用下,相界面和晶界的滑移量增加,界面阻尼增大。当一步等温淬火温度高于 280 ℃时,基体组织逐渐粗化,晶界面积减小,同时针状铁素体含量明显降低,块状残余奥氏体大量出现,基体中铁素体/奥氏体界面面积也随之减小,在二者的共同作用下界面滑移耗能减少,界面阻尼降低。因此,当一步等温淬火温度为 280 ℃时,ADI 的界面阻尼最高,阻尼值最大。

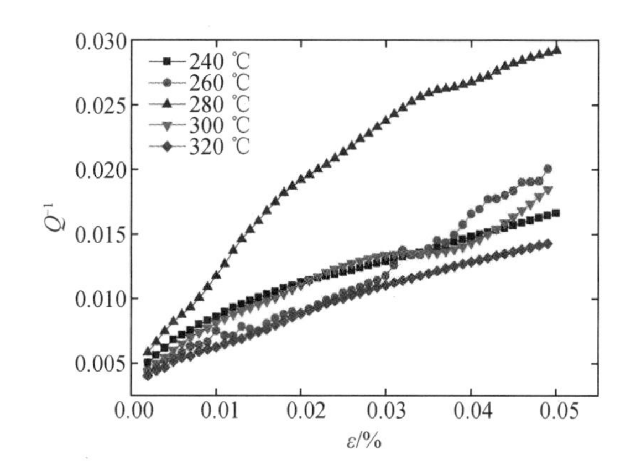

图 4 – 36　一步等温淬火温度对 ADI 阻尼 – 应变谱曲线的影响

图 4 – 37 所示是一步等温淬火温度对 G – L 曲线的影响。由图可以看出,5 组 G – L 曲线均只在某一应变振幅范围内为直线,这表明在 ADI 内部起作用的阻尼机制除了位错阻尼机制外还存在界面阻尼等其他机制,这与第 3 章的研究结果一致。

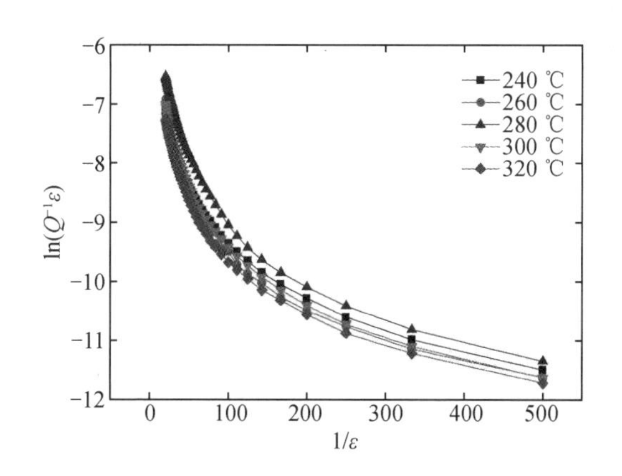

图 4 – 37　一步等温淬火温度对 G – L 曲线的影响

图 4 – 38 所示是一步等温淬火温度对 ADI 存储模量 – 应变曲线的影响。由图 4 – 38 可见,随着应变振幅的增加,五组 ADI 试样的存储模量均降低。同时,当应变振幅相同时,一步等温淬火温度为 240 ℃和 280 ℃的试样存储模量明显高于其他试样,这与界面对位错运动的限制作用有关。由图 4 – 3 可知,ADI 的基体内片状铁素体与残余奥氏体交替排列,这种微观结构导致铁素体/奥氏体相界面面积大幅增加,从而限制了位错的短程运动。一步等温淬火温度为 240 ℃时,ADI 的基体内存在片状马氏体,导致马氏体/奥氏体界面面积增

加,界面对位错运动的阻碍作用增强,存储模量较高。一步等温淬火温度为 280 ℃时,基体组织明显细化,晶界面积和铁素体/奥氏体界面面积均较大,界面对位错运动的限制作用较强,因此存储模量也相对较高。

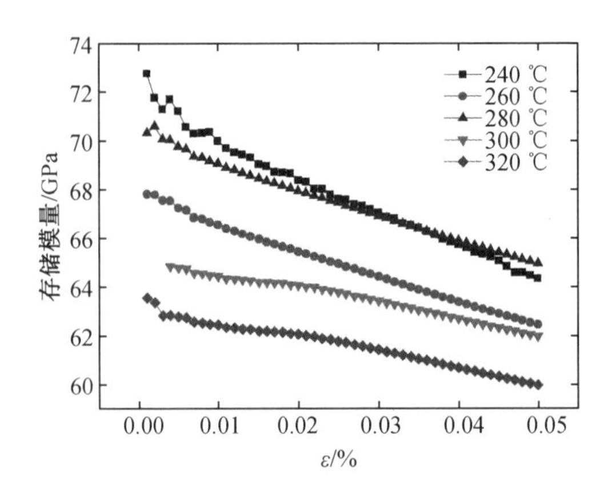

图 4 - 38　一步等温淬火温度对 ADI 存储模量 - 应变曲线的影响

当应变量很小时,金属材料会因为晶粒内的少量位错发生短程运动而出现微屈服现象。将这种能够引起微小塑性应变($1 \sim 2 \times 10^{-6}$)的应力定义为微屈服强度,微屈服强度反映的是微小变形下,材料对塑性变形的抵抗能力。如果应力不断增加,将会导致材料内部大量的位错发生运动,进而影响其宏观屈服变形。在工程设计中,屈服强度表示的是能够引起 2×10^{-3} 应变量所对应的应力,用以反映材料对宏观塑性变形的抵抗能力。在微屈服情况下,其应变和应力不满足虎克定律。Brown、Lukens 基于晶面对位错的阻碍作用假设,提出微屈服下材料的应力与应变关系为

$$\varepsilon = \frac{\rho d^3 (\sigma - \sigma_0)^2}{2G\sigma_0} \tag{4-32}$$

式中　ε——材料的微塑性应变;

ρ——位错密度,cm^{-2};

d——晶粒尺寸,μm;

σ——外应力,MPa;

σ_0——位错最小应力,MPa;

G——剪切模量,GPa。

变换式(4 - 32),可得微屈服时的最小应力为

$$\sigma = \sigma_0 + K\sqrt{\varepsilon} \tag{4-33}$$

式中,$K = \sqrt{2G\sigma_0/(\rho d^3)}$。因此,材料中的可动位错密度对材料的微屈服行为影响较大。

在 3.5 节中,已对由基体与石墨之间热物理性能的差异引起的近界面区残余热应力进行了计算。对于 ADI 而言,残余热应力一方面在近界面区的基体内形成高密度位错,另一方面,在微小应变下,基体如果发生微塑性变形,那么其微屈服行为也会相应受到影响。故可动位错只做短程运动。对于 ADI 的基体,仅需较小应变即可发生微塑性变形,因此,存储

模量随应变的增加逐渐降低。

图 4 - 39 所示是一步等温淬火温度对 ADI 阻尼 - 频率谱曲线的影响。由图可知,5 组曲线表现出相同的变化趋势,即阻尼值随振动频率的增加波动增大。同时在频率为 25 Hz、63 Hz、98 Hz、135 Hz、153 Hz 和 187 Hz 处出现共振阻尼峰。

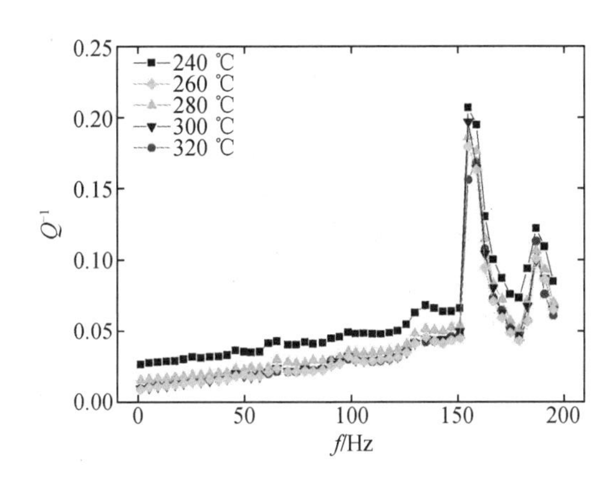

图 4 - 39　一步等温淬火温度对 ADI 阻尼 - 频率谱曲线的影响

与图 3 - 8 和图 3 - 14 进行比较可知,图 4 - 39 中振动频率在 50 ~ 100 Hz 的共振峰均向高频移动,这可能与测试过程中试样的夹置有关。在图 4 - 39 中可以清楚地看到,当振动频率相同时,一步等温淬火温度为 240 ℃的 ADI 阻尼值明显高于其他试样。这是由于一步等温淬火温度为 240 ℃时,ADI 的基体内存在片状马氏体,马氏体的片状结构导致基体内存在大量的马氏体/奥氏体界面,同时由于其基体内的残余奥氏体含量较高,铁素体/奥氏体界面面积也较大。在外应力相同的条件下,界面面积越大,界面阻尼越大,阻尼性能越高。

图 4 - 40 所示是一步等温淬火温度对 ADI 阻尼 - 温度谱曲线的影响。由图可知,5 组试样的阻尼 - 温度谱曲线呈现相同的变化趋势,即随着振动温度的升高,阻尼值先增加后减小,并在 210 ℃附近出现峰值。当振动温度 50 ℃ $< T \leqslant$ 150 ℃时, ADI 的阻尼值随温度的升高而增大,这是由于在此温度下,基体内晶界和相界的结合力均较强,界面微滑移量较少,位错阻尼占主导地位。根据式(3 - 10)和式(3 - 14),$Q^{-1} \propto \rho L^4$,随着温度的升高,位错密度和位错线长度均增加,阻尼值增大。当 150 ℃ $< T \leqslant$ 230 ℃时,基体内晶界和相界面的结合力逐渐减弱,在振动载荷作用下,界面滑移量逐渐增加,界面阻尼增大;但由于位错线长度减小,位错阻尼占比降低,界面阻尼占主导地位,阻尼值随振动温度的升高开始快速上升并在 210 ℃时达到最大值。当 230 ℃ $< T \leqslant$ 300 ℃时,随着振动温度继续升高,界面结合力进一步减弱,但界面滑移量已经趋于最大,因此,同等滑移量下的滑移阻力逐渐减小,内摩擦力做功减小,界面阻尼减小。同时,高温下原子发生重新排列,位错密度大幅降低,位错阻尼也减小,在界面阻尼和位错阻尼的共同作用下,阻尼性能大幅降低。

由图 4 - 40 还可发现,随着一步等温淬火温度的升高,ADI 的阻尼峰值先降低后升高,这主要与基体内的界面面积有关。当一步等温淬火温度为 240 ℃时,基体内存在片状马氏体,使得马氏体/奥氏体界面面积大幅增加,界面滑移耗能增加,阻尼值较高。随着一步等温淬火温度的升高,基体内的奥氏体与铁素体组织不断细化,导致铁素体/奥氏体界面面积和晶界面积均大幅增加,界面阻尼增大,阻尼性能升高。当一步等温淬火温度超过 280 ℃时,奥氏体和铁素体组织粗化,晶界面积大幅减小,同时铁素体/奥氏体界面面积也不断减小,在二者的协同作用下,界面阻尼减小,阻尼性能降低。

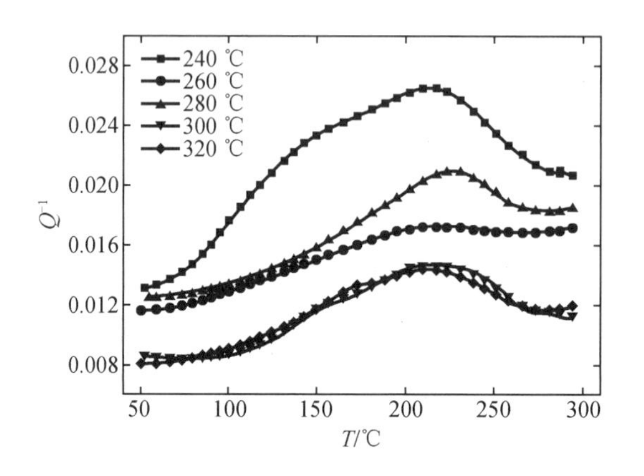

图 4-40　一步等温淬火温度对 ADI 阻尼-温度谱曲线的影响

4.4.2　二步等温淬火温度对 ADI 阻尼性能的影响

图 4-41 所示是二步等温淬火温度对 ADI 阻尼-应变谱曲线的影响。由图可知,虽然三条曲线所对应的二步等温淬火温度不同,但它们随应变振幅的变化趋势基本相同,材料的阻尼性能均随应变振幅的增加而增大。对比图 4-49 中三组曲线可知,当应变振幅相同时,二步等温淬火温度为 360 ℃的 ADI 阻尼值最低。这主要与其基体组织中的奥氏体和铁素体较为粗大有关。当温度小于 360 ℃时,随着二步等温淬火温度的升高,基体组织中的残余奥氏体和铁素体粗化,铁素体/奥氏体界面面积减小,同时晶粒尺寸增大,晶界面积减小。在二者的协同作用下,界面阻尼大幅降低,阻尼值减小。当二步等温淬火温度升至 400 ℃时,残余奥氏体分解,生成极为细小的铁素体和 Fe_3C,铁素体形貌发生显著改变(图 4-8),铁素体的细化,导致晶界面积大幅增加,界面阻尼增大,阻尼性能升高。因此,当应变振幅相同时,随着二步等温淬火温度的升高,ADI 的阻尼性能先降低后升高。

图 4-42 所示是二步等温淬火温度对 G-L 曲线的影响。由图可以看出,3 组试样的 G-L线均只在某一应变振幅范围内为直线,这表明除了位错阻尼机制还存在其他阻尼机制,如界面阻尼等。

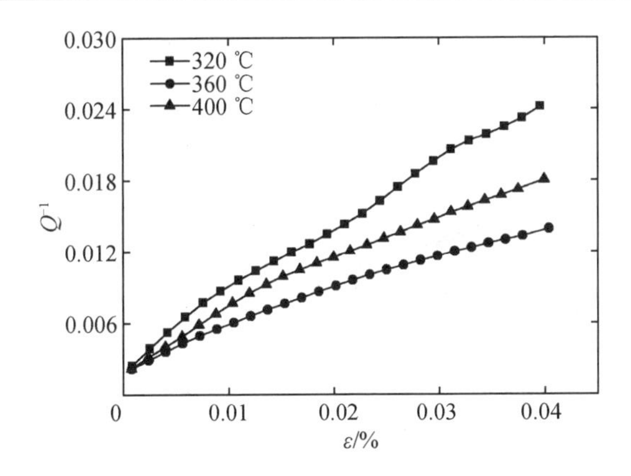

图 4－41　二步等温淬火温度对 ADI 的阻尼－应变谱曲线的影响

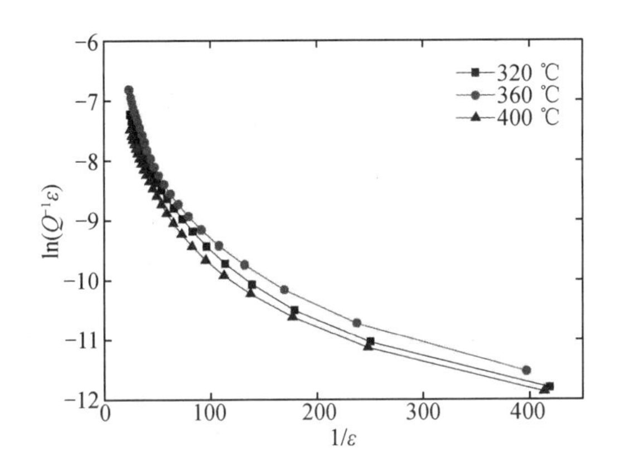

图 4－42　二步等温淬火温度对 G－L 曲线的影响

图 4－43 所示是二步等温淬火温度对 ADI 存储模量－应变曲线的影响。由图可知，随着应变振幅的增加，存储模量逐渐降低。当应变振幅相同时，随着二步等温淬火温度的升高，ADI 的存储模量先降低后升高。当二步等温淬火温度由 320 ℃升至 360 ℃时，基体组织发生明显粗化，铁素体/奥氏体界面面积以及晶界面积均减小，界面对可动位错短程运动的限制作用降低，ADI 在较低应力水平即可产生微塑性变形，存储模量降低。当二步等温淬火温度升至 400 ℃时，残余奥氏体分解，生成极细小的铁素体组织，铁素体的晶界面积显著增加，晶界对位错运动的钉扎作用显著增强；同时，生成的第二相 Fe_3C 也对位错起强钉扎作用，在晶界和第二相的共同作用下，可动位错密度大幅降低，产生相同的微塑性变形需要更高的外应力，因此存储模量升高。

图 4－44 所示是二步等温淬火温度对 ADI 阻尼－频率谱曲线的影响。由图可见，3 组曲线的变化趋势基本一致，即阻尼值随振动频率的增加而增大。这是由于振动频率增加，单位时间内界面滑移量增加，界面滑移耗能增加，界面阻尼随之增大。由图 4－44 还可发现，当振动频率相同时，ADI 的阻尼值随二步等温淬火温度的升高先减小后增大，这主要与 ADI 基体内的界面阻尼有关。随着二步等温淬火温度的升高，ADI 基体中的铁素体和残余奥氏体晶粒粗化，导致铁素体/奥氏体界面面积和晶界面积均减小，在相同应力作用下，ADI 的界面滑移量减少，界面阻尼降低。当二步等温淬火温度达到 400 ℃时，基体内的残余奥氏

体分解。此时，虽然铁素体/奥氏体界面面积减小，但铁素体晶粒显著细化，晶界面积大幅增加，在二者的共同作用下，ADI 的阻尼值增大。

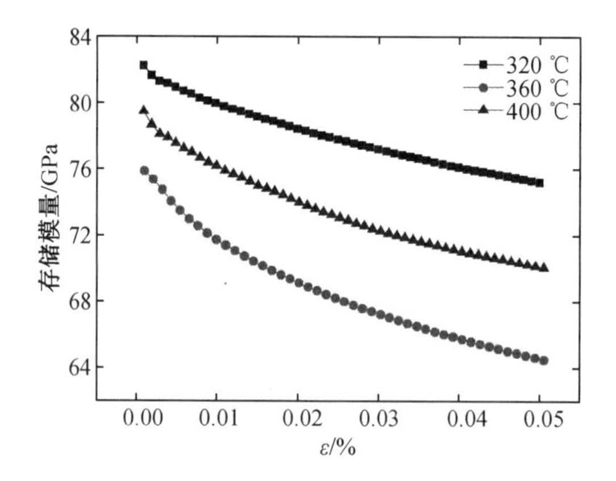

图 4－43　二步等温淬火温度对 ADI 存储模量－应变曲线的影响

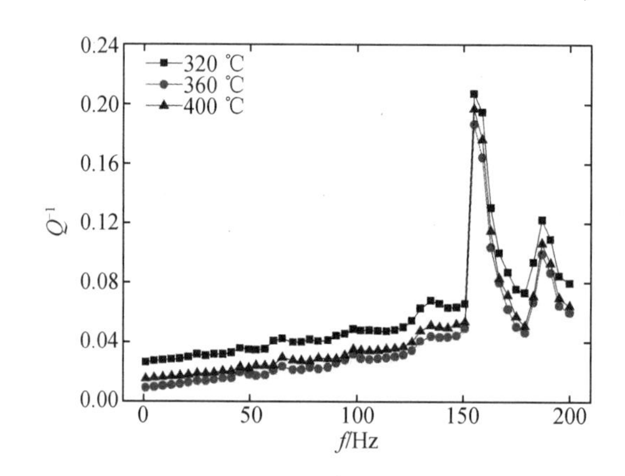

图 4－44　二步等温淬火温度对 ADI 阻尼－频率谱曲线的影响

图 4－45 所示是二步等温淬火温度对 ADI 阻尼－温度谱曲线的影响。由图可知，3 组试样的阻尼－温度谱曲线变化趋势基本相同，即随着振动温度的升高，阻尼值先增大后减小，并在 210 ℃附近出现峰值。对比 3 组曲线可以发现，阻尼峰值随二步等温淬火温度的升高先减小后增大。其中，二步等温淬火温度为 320 ℃的 ADI 阻尼峰值明显高于其他试样，这是由于其基体内的铁素体和奥氏体晶粒细小，晶界面积较大；同时，残余奥氏体含量较高，铁素体/奥氏体界面面积较大，因此，在相同振动温度下，其阻尼性能最高。值得注意的是，二步等温淬火温度为 320 ℃的 ADI，其阻尼－温度曲线在 240 ℃形成一个明显的阻尼峰。这可能与晶粒细化有关。由于二步等温淬火温度为 320 ℃的 ADI 晶界面积明显大于其他试样，在升温过程中晶界结合强度逐渐降低，当振动温度达到 240 ℃时，在交变应力作用下大面积的晶界滑移开动，且滑移量趋近于最大值，因此，晶界滑移耗能显著增加，并出现阻尼峰。

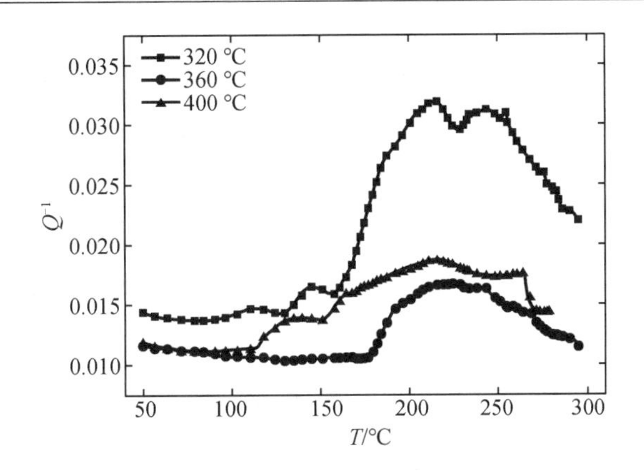

图 4-45　二步等温淬火温度对 ADI 阻尼-温度谱曲线的影响

4.4.3　一步等温淬火时间对 ADI 阻尼性能的影响

图 4-46 所示是一步等温淬火时间对 ADI 阻尼-应变谱曲线的影响。由图可知,5 组试样的阻尼-应变曲线变化趋势基本一致,随着应变振幅的增加,ADI 的阻尼性能逐渐升高。在图中可以明显看到,当应变振幅相同时,一步等温淬火 15 min 的 ADI 阻尼性能最优,而一步等温淬火 25 min 的 ADI 阻尼性能最差,且随着应变振幅的增加,二者的阻尼性能差距逐渐增大。当应变振幅为 5×10^{-4} 时,二者的阻尼值相差超过 0.01。这是由于当一步等温淬火时间≤15 min 时,基体中的铁素体细化且长度增加,导致铁素体/奥氏体界面和晶界面积均大幅增加。在相同的外应力作用下,相界和晶界滑移耗能增加,阻尼性能升高。当一步等温淬火时间 > 15 min 时,虽然铁素体仍逐渐细化,但残余奥氏体含量显著降低,铁素体/奥氏体界面面积减小,阻尼性能降低。值得注意的是,对于一步等温淬火时间为 5 min 的 ADI,虽然基体中存在片状马氏体,使马氏体/奥氏体界面面积增加,但与其他试样相比,其阻尼性能未见明显升高,这主要与其残余奥氏体含量较低,马氏体/奥氏体界面面积增幅不大有关。

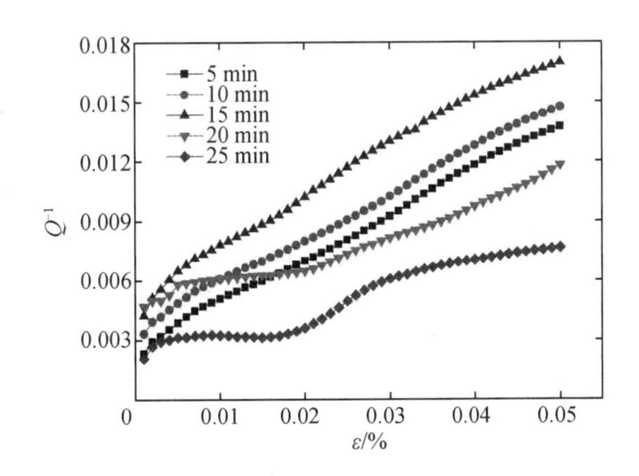

图 4-46　一步等温淬火时间对 ADI 阻尼-应变谱曲线的影响

图 4-47 所示是一步等温淬火时间对 G-L 曲线的影响,可以看出 5 组 ADI 试样的 G-L 曲线均只在某一应变振幅范围内为直线,这表明除了位错阻尼机制还存在其他阻尼机

制,如界面阻尼等。

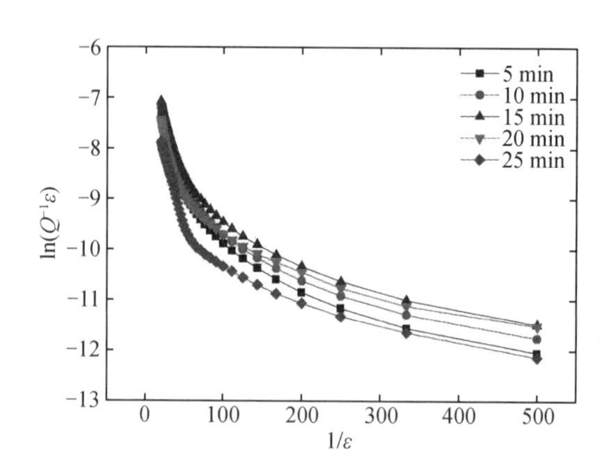

图4-47　一步等温淬火时间对G-L曲线的影响

图4-48所示是一步等温淬火时间对ADI存储模量-应变曲线的影响。由图可见,随着应变振幅的增加,存储模量逐渐降低。在特定应变振幅下,当一步等温淬火时间≤15 min时,随着一步等温淬火时间的延长,铁素体/奥氏体界面面积增加,界面对可动位错短程运动的限制作用增强,材料发生微屈服所需应力增加,因此存储模量升高。当一步等温淬火时间超过15 min后,铁素体和奥氏体含量发生显著变化,导致铁素体/奥氏体界面面积大幅减小,界面对位错的钉扎作用降低,位错短程运动能力增强,材料发生微屈服所需应力减小,存储模量随之降低。

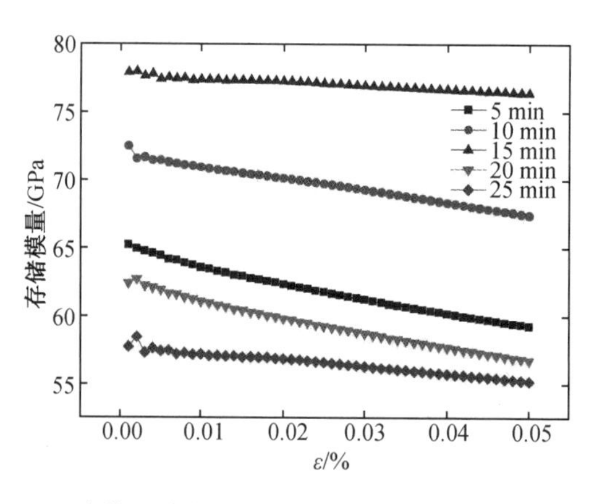

图4-48　一步等温淬火时间对ADI存储模量-应变曲线的影响

图4-49所示是一步等温淬火时间对ADI阻尼-频率谱曲线的影响。由图可见,5组曲线的变化趋势基本一致,即阻尼值随振动频率的增加而增大。这是由于随着振动频率的增加,界面滑移量增加,界面滑移耗能增加,阻尼值增大。在图4-49中,当振动频率相同时,随着淬火时间的延长,ADI的阻尼值呈现先增大后减小的趋势。当一步等温淬火时间≤15 min时,随着一步等温淬火时间的延长,ADI基体组织中的铁素体逐渐细化,且残余奥氏体含量增加,因此铁素体/奥氏体界面面积增加,在相同外应力作用下,界面阻尼增加,阻尼

值增大。当一步等温淬火时间超过 15 min 后，虽然铁素体进一步细化，但残余奥氏体含量显著降低，从 15 min 时的 31.6% 降至 25 min 时的 23.76%，降幅达 25%，因此，基体中的铁素体/奥氏体界面面积大幅减小，界面阻尼减小，阻尼值降低。

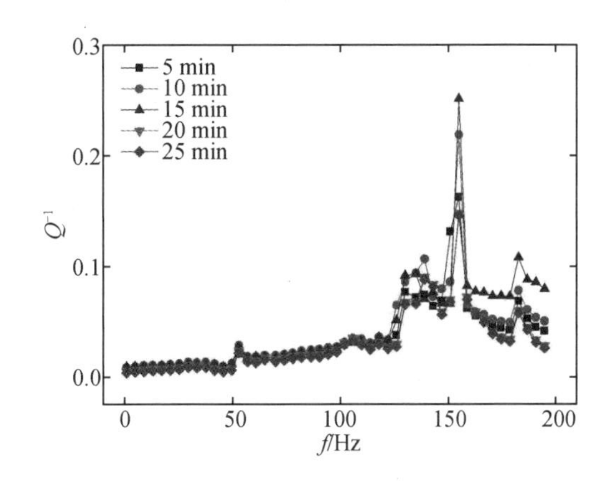

图 4-49　一步等温淬火时间对 ADI 阻尼-频率谱曲线的影响

图 4-50 所示是一步等温淬火时间对 ADI 阻尼-温度谱曲线的影响。由图可知，5 组试样的阻尼-温度曲线表现出相同的变化趋势，即阻尼值随着振动温度的升高先增大后减小并在 210 ℃附近出现峰值。

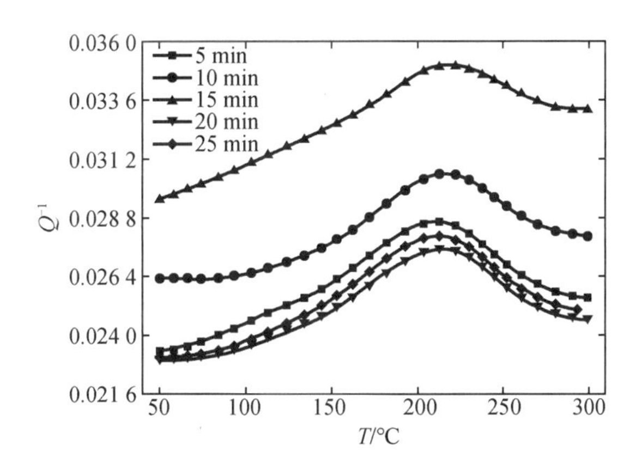

图 4-50　一步等温淬火时间对 ADI 阻尼-温度谱曲线的影响

由图 4-50 还可发现，当温度相同时，随着一步等温淬火时间的延长，ADI 的温度阻尼先升高后降低。其中，一步等温淬火时间为 15 min 的 ADI 阻尼峰最高，这主要与界面阻尼有关。当振动温度为 50～150 ℃时，由于基体中相界和晶界的结合力较强，交变应力所产生的应变较小，单位面积界面滑移量较小。但是，由于 5 组试样基体内的铁素体/奥氏体界面和晶界面积存在较大差异，因此界面滑移量相差较大。当一步等温淬火时间≤15 min 时，针状铁素体逐渐细化，铁素体/奥氏体界面和晶界面积逐渐增加，界面滑移量增加，界面滑移耗能增加，阻尼值增大；当一步等温淬火时间超过 15 min 后，虽然铁素体晶粒仍然细化，但残余奥氏体含量显著降低，铁素体/奥氏体界面面积减小，界面滑移耗能降低，阻尼值降低。因此，随着一步等温淬火时间的延长,界面滑移量先增加后减少,阻尼峰的高度也随之改变。

4.4.4 二步等温淬火时间对 ADI 阻尼性能的影响

图 4 - 51 所示是二步等温淬火时间对 ADI 阻尼 - 应变谱曲线的影响。由图可知,随着应变振幅的增加,4 组 ADI 试样的阻尼性能均逐渐升高。同时,当应变振幅相同时,随着二步等温淬火时间的延长,ADI 的阻尼值逐渐增大。这是由于,随着二步等温淬火时间的延长,ADI 基体组织中的残余奥氏体含量变化不大,但铁素体逐渐细化,因此,铁素体/奥氏体界面和晶界面积均增加,在相同的应力条件下,界面滑移耗能增加,阻尼值增大。

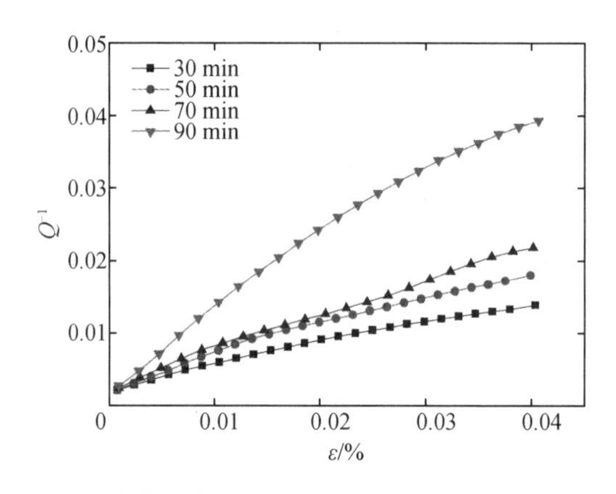

图 4 - 51 二步等温淬火时间对 ADI 阻尼 - 应变谱曲线的影响

图 4 - 52 所示是二步等温淬火时间对 G - L 曲线的影响。由图可以看出,4 组 ADI 试样的 G - L 线均只在某一应变振幅范围内为直线,这表明除了位错阻尼机制还存在其他阻尼机制,如界面阻尼等。

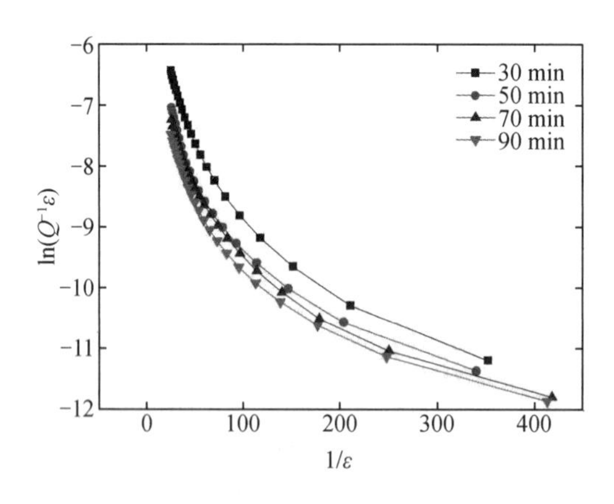

图 4 - 52 二步等温淬火时间对 G - L 曲线的影响

图 4 - 53 所示是二步等温淬火时间对 ADI 存储模量 - 应变曲线的影响。由图可见,4 组曲线的变化规律基本相同,即随着应变振幅的增加,存储模量逐渐降低,但降幅不大。以二步等温淬火时间 90 min 的试样为例,其存储模量从最初的 86. 3 GPa 降至最终的

85.7 GPa，降幅为 3%。当应变振幅相同时，随着二步等温淬火时间的延长，存储模量逐渐增大。以应变振幅为 1×10^{-4} 为例，存储模量从 30 min 时的 78.2 GPa 逐渐增至 90 min 时的 86.6 GPa。上述现象的出现主要与基体内的相界和晶界面积增加有关。随着二步等温淬火时间的延长，基体内的铁素体组织不断细化，铁素体/奥氏体界面以及基体内的晶界面积均增大。由图 4－20 可知，当二步等温淬火时间超过 50 min 后，基体内出现了大量的孪晶，导致晶界面积显著增加。由于界面对位错起强钉扎作用，根据 G－L 位错钉扎理论，相界和晶界面积的增加导致基体内的可动位错密度大幅降低，位错发生短程运动需要更大的外应力，材料存储弹性变形的能力增大，存储模量增大。

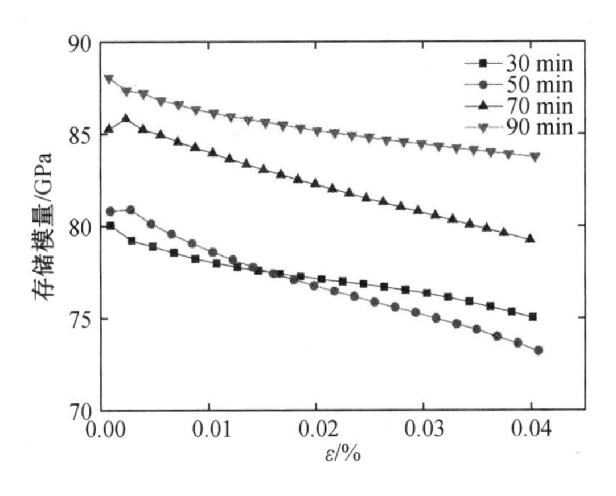

图 4－53　二步等温淬火时间对 ADI 存储模量－应变曲线的影响

图 4－54 所示是二步等温淬火时间对 ADI 阻尼－频率谱曲线的影响。对比 4 组曲线可以看到，当振动频率相同时，阻尼值随二步等温淬火时间的延长而增大。这是由于随着二步等温淬火时间的延长，ADI 基体中的残余奥氏体形貌和含量变化不大，但铁素体逐渐细化，因此铁素体/奥氏体界面面积增加。在相同外应力的作用下，界面滑移量增加，相界阻尼增大。同时，铁素体晶粒的细化，导致晶界面积增大，晶界滑移量随之增加，晶界阻尼增大。在相界阻尼和晶界阻尼的共同作用下，ADI 的阻尼值不断增大。

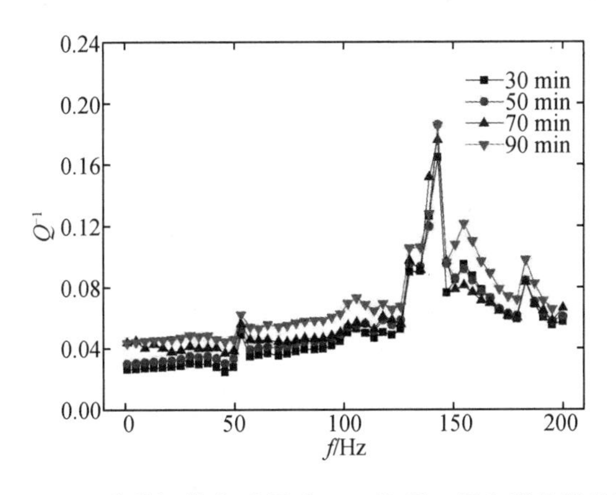

图 4－54　二步等温淬火时间对 ADI 阻尼－频率谱曲线的影响

图4－55所示是二步等温淬火时间对ADI阻尼－温度谱曲线的影响。由图可知,虽然二步等温淬火时间不同,但4组ADI试样的阻尼随振动温度的变化趋势基本相同,且可以明显分为3个阶段。当振动温度50 ℃ <T≤150 ℃时,ADI的阻尼值受温度影响不大,这是由于在此温度下,基体内晶界和相界的结合力均较强,界面微滑移量较少,位错阻尼占主导地位。当150 ℃ <T≤230 ℃时,基体内晶界和相界面的结合力逐渐减弱,在振动载荷作用下,界面滑移量逐渐增加,阻尼值随振动温度的升高开始快速上升并在210 ℃时达到最大值。当230 ℃ <T≤300 ℃时,随着振动温度的继续升高,界面结合力进一步减弱,但界面滑移量已经趋于最大,因此,同等滑移量下的滑移阻力逐渐减小,内摩擦力做功减少,界面阻尼降低。同时,高温会导致原子进行重新排列,进而大幅度降低位错密度,位错阻尼也因此大幅度减小,阻尼值迅速下降。

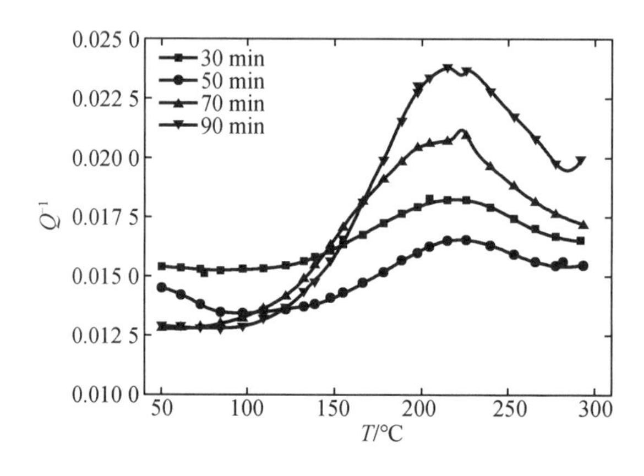

图4－55　二步等温淬火时间对ADI阻尼－温度谱曲线的影响

由图4－55还可以发现,当振动温度T为50～150 ℃时,ADI的阻尼值随二步等温淬火时间的延长而减小。这是由于,在此温度范围内,位错阻尼占主导地位,随着二步等温淬火时间的延长,基体内的铁素体逐渐细化,铁素体/奥氏体界面面积逐渐增大,界面对位错运动的阻碍作用增强,可动位错密度减小,阻尼性能降低。当T为150～300 ℃时,二步等温淬火时间为90 min和70 min的ADI阻尼值迅速攀升,且远高于其他两组试样,这主要与基体内的孪晶有关。二步等温淬火时间为90 min和70 min的ADI试样基体内存在孪晶,孪晶的出现导致晶界面积大幅增加,晶界阻尼显著增加,阻尼性能大幅升高。

4.5　基体组织对ADI阻尼性能的影响机理

根据上述研究结果分析可以判断,对于两步法ADI而言,基体组织主要存在着界面和位错两类阻尼机制,点缺陷和析出相的阻尼机制主要通过限制可动位错的短程运动和界面的滑移来体现,因此可归结在位错机制和界面机制中。ADI基体界面阻尼来源有两部分:

(1)基体中不同相之间的界面(如铁素体/奥氏体界面、马氏体/奥氏体界面等);

(2)基体中晶粒与晶粒之间的晶界。

本节从微塑性变形对位错和界面的影响入手,对基体组织对阻尼性能的影响机制进行分析。

微小塑性变形和阻尼(内耗)通常被认为具有不同的物理机制,因此,在研究过程中极少将二者联系起来。根据经典的 G-L 位错钉扎理论,在钉扎点间,位错利用往复运动来实现对能量的消耗,阻尼随之产生。因此,位错从钉扎点上脱钉是一个热激活的过程,可用弹性和滞弹性变形过程来解释。总应变可表示为

$$\varepsilon(t)=\varepsilon_0+\varepsilon_a(t) \tag{4-34}$$

式中　ε_0——弹性应变;

　　ε_a——滞弹性应变。

微塑性变形与位错运动和增殖相关,在激活位错源之后,位错通过克服溶质原子应力可实现长距离运动,此过程的总应变为

$$\varepsilon(t)=\varepsilon_0+\varepsilon_a(t)+\varepsilon_b(t) \tag{4-35}$$

式中,ε_b 为塑性应变。

因此,阻尼和微塑性变形都满足位错运动理论,在特定振动条件下具有相同的物理本质。基于此,分析应变相关的阻尼就可以定量得到材料内部的位错信息,并了解其动态变化情况。

通常材料变形时,无法有效进行其位错密度的计算,而对于位错密度的估算,基本都是以静态模型为基础,或基于一些假设。在材料中,并非所有位错均对变形产生影响,如位错塞积、缠结等都不会对变形产生影响,这使得位错密度计算的难度增加。此外,材料位错密度会随着微小塑性变形而出现一定的改变,从而使得其计算难度进一步增大。而针对这种动态变化的位错结构,阻尼应变谱是获得大量准确信息的有效手段。当应变振幅小于 ε_{cr1} 时,弱钉扎点对位错产生钉扎作用,此时位错运动的距离较小;而当应变振幅在 ε_{cr1} 和 ε_{cr2} 范围内时,少量位错开始脱钉扎,位错运动距离变大;而当应变振幅超过 ε_{cr2} 时,大量位错脱钉,并且被束缚在强钉扎点之间,从而实现了更大范围内的摆动,此时,G-L 位错的阻尼值 Q_L^{-1} 达到饱和。若增大应变振幅,则位错会从强钉扎点上脱钉,形成塑性阻尼 Q_H^{-1}。应变振幅 ε_{cr2} 表示的是新位错形成对应的临界点。当应变振幅小于 ε_{cr2} 时,位错密度基本不变;而当应变振幅大于 ε_{cr2} 时,位错密度开始增大。若将应变振幅为 ε_{cr2} 时,强钉扎点之间的位错运动面积近似地看作圆形,则如图 4-56 所示。

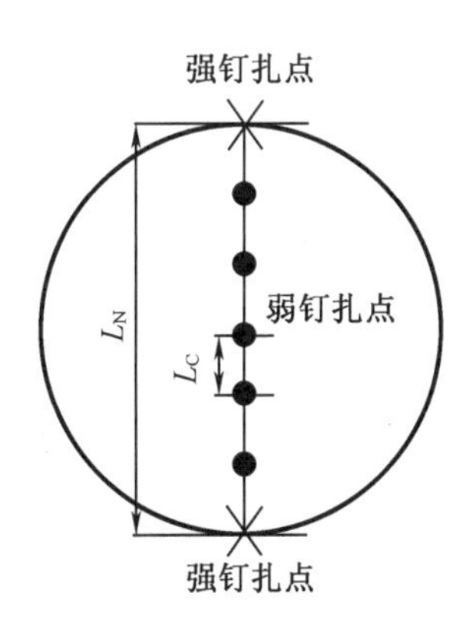

图 4-56　应变振幅为 ε_{cr2} 时的位错钉扎模型

图 4－56 中圆的直径即为位错的起始长度。一个循环内位错所扫过的面积计算公式为

$$S_d = 2S_C/L_N = 2\pi(L_N/2)^2/L_N = \pi L_N/2 \quad (4-36)$$

式中　S_C——圆面积；

L_N——位错强钉扎点距离的平均值。

L_N 和 L_C 可根据式(3－12)和式(3－13)确定。

对于特定材料，其位错增殖所需外加切应力为 σ，可根据 ADI 阻尼测试中的最大应变和应力关系，结合位错理论求得：

$$\sigma = Gb/L_N \quad (4-37)$$

式中　b——位错伯氏矢量；

G——材料剪切弹性模量。

当应变达到临界值 ε_{cr2} 时

$$\varepsilon_{cr2} = b/L_N \quad (4-38)$$

此时，可动位错在单位体积内运动完成一个循环的能量消耗包括两部分，分别为克服摩擦力的能量 ΔW_f 和位错线变长而消耗的能量 ΔW_L，它们的表达式如式(4－39)和式(4－40)：

$$\Delta W_f = \rho_{cr2}\sigma_f b S_C \quad (4-39)$$

式中　ρ_{cr2}——ε_{cr2} 下的可动位错密度；

σ_f——摩擦应力。

本书假设循环拉伸阻尼测试中的摩擦应力不变，则增加位错线长度所消耗的能量 ΔW_L 为

$$\Delta W_L = (\pi - 2)\rho_{cr2} T L_N \quad (4-40)$$

式中，T 为位错线张力，$T = Gb^2/2$。

若内耗 $Q^{-1} < 0.1$，则内耗值 Q^{-1} 与总能量消耗 ΔW 的关系满足

$$Q^{-1} = \Delta W/2\pi W = (\Delta W_f + \Delta W_L)2\pi W \quad (4-41)$$

$$W = \int_{\omega t=0}^{\omega t=\frac{\pi}{2}} \sigma \mathrm{d}\varepsilon = G\varepsilon^2/2 \quad (4-42)$$

式中　G——ADI 剪切弹性模量；

W——在振动过程中，单位体积试样存储最大弹性能量，又因为 $\Delta W_L \ll \Delta W_f$，因此可以忽略不计。

将式(4－39)和式(4－42)代入式(4－41)得到应变振幅 ε_{cr2} 下的可动位错密度为

$$\rho_{cr2} = 2Q_{cr2}^{-1} G\varepsilon_{cr2}^3/b^2\sigma_f \quad (4-43)$$

基于图 4－56，利用式(3－10)、式(3－14)和式(4－43)可估算出在第二临界应变振幅下 ADI 试样的可动位错密度以及位错上强弱钉扎点间平均距离，L14～L17 试样(二步等温淬火时间分别为 30 min、50 min、70 min 和 90 min)和 L1～L5 试样(一步等温淬火温度分别为 240 ℃、260 ℃、280 ℃、300 ℃和 320 ℃)的计算结果如表 4－5 和表 4－6 所示。

表 4-5　二步等温淬火时间对 ADI 可动位错密度及位错上的钉扎点间距的影响

试样	$\varepsilon_{cr2}/10^4$	$L_N/\mu m$	$L_C/\mu m$	$\rho_{cr2}/(10^{-9}\ m^{-2})$
L14	1.7	1.46	0.35	1.24
L15	1.8	2.27	0.71	0.98
L16	1.5	2.35	0.35	0.49
L17	2.0	2.14	0.33	0.24

表 4-6　一步等温淬火温度对 ADI 可动位错密度及位错上的钉扎点间距的影响

试样	$\varepsilon_{cr2}/10^4$	$L_N/\mu m$	$L_C/\mu m$	$\rho_{cr2}/(10^{-9}\ m^{-2})$
L1	1.8	1.74	0.33	1.26
L2	2.8	1.62	0.29	1.56
L3	2.0	1.09	0.17	1.11
L4	2.7	1.12	0.16	1.17
L5	2.5	1.46	0.25	1.24

由表 4-5 可知，L14 试样的可动位错密度最大，L17 试样可动位错密度最小。对比图 4-51 可知，L14 试样界面面积最小，界面对位错运动的限制作用最小，可动位错密度最大，但阻尼值最低；L17 试样界面面积最大，界面对位错运动的限制作用最大，可动位错密度最小，但阻尼值最大，这与 ADI 试样阻尼-应变谱曲线是一致的。这说明用可动位错密度能够解释应变阻尼机理。

由表 4-6 可知，L1 ~ L5 试样的可动位错密度均在 $10^9\ m^{-2}$ 量级，其中 L3 试样的可动位错密度最低。结合图 4-36 可知，L3 试样的阻尼性能明显高于其他试样，其动位错密度最低，但 L5 试样的阻尼值最低，但其可动位错密度并不是最高，这进一步证明 ADI 的基体阻尼机制除位错阻尼外，还存在其他阻尼机制，如界面阻尼，这与图 4-37 的研究结果一致。

由图 4-36、图 4-41、图 4-46 和图 4-51 可知，对于应变振幅响应机制而言，在不同等温淬火温度和时间下，ADI 的内耗值均随着应变振幅的增加而增大。结合经典的 G-L 位错钉扎理论模型，对阻尼-应变谱曲线进行分析可知，ADI 的阻尼性能存在明显的与应变振幅不相关阶段和与应变振幅相关的阶段。但是，由于本试验的振动频率均为 $f=1$ Hz，因此阻尼-应变曲线的斜率变化很小。图 4-57 所示是不同热处理工艺条件下 ADI 的 $(Q^{-1}/\varepsilon)-\varepsilon$ 曲线。由图可知，当应变振幅较小时，Q_L^{-1}/ε 与 Q_H^{-1}/ε 相差不大，因此在阻尼-应变曲线上几乎观察不到。但可通过 $(Q^{-1}/\varepsilon)-\varepsilon$ 曲线斜率的变化确定临界应变 ε_{cr1}。

由图 4-37、图 4-42、图 4-47 和图 4-52 可知，ADI 的 G-L 线均只在某一应变振幅范围内为直线，这表明除了位错阻尼机制还存在其他阻尼机制，如界面阻尼等。基于上述研究结果，以二步等温淬火时间为 90 min 的 ADI 为例（图 4-58），根据 G-L 理论和 3.5 节中的界面阻尼模型对阻尼-应变曲线各阶段进行划分和分析。临界应变值可分别根据图 4-57(d) 和图 4-52 确定，得到临界应变值分别为 $\varepsilon_{cr1}=7\times10^{-5}$ 和 $\varepsilon_{cr2}=2\times10^{-4}$。

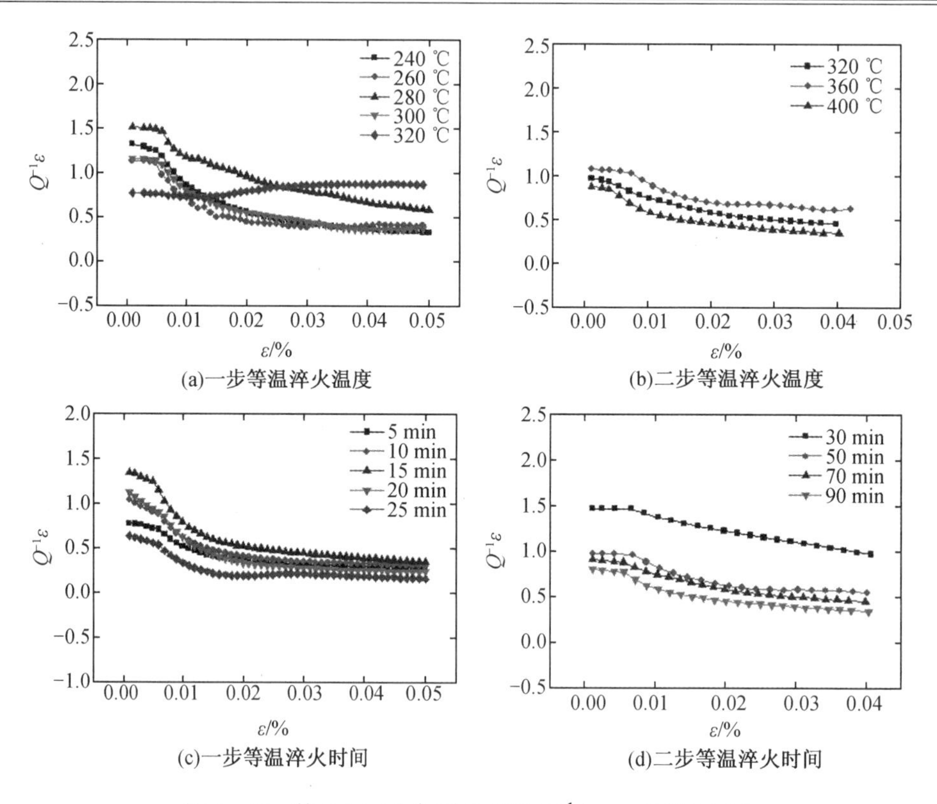

(a)一步等温淬火温度 (b)二步等温淬火温度

(c)一步等温淬火时间 (d)二步等温淬火时间

图 4－57　热处理工艺参数对 ADI $Q^{-1}/\varepsilon-\varepsilon$ 曲线的影响

第一阶段的应变振幅范围是 $0<\varepsilon\leqslant7\times10^{-5}$，阻尼性能与应变振幅无关。在该阶段中，被弱钉钉扎的位错段在外力的作用下发生位错弦线的振动，产生与应变振幅无关的共振型阻尼，且阻尼值相对较低。但同时，基体中铁素体/奥氏体相界面及晶界界面滑移量随应变振幅的增加而增加，因此，阻尼值快速增大。

第二阶段的应变振幅范围是 $7\times10^{-5}<\varepsilon\leqslant2\times10^{-4}$，阻尼性能呈线性增长状态，且阻尼值随应变的增速较快。在该阶段中，被弱钉钉扎的位错段在较大的外力作用下发生雪崩式脱钉，从而产生较大的阻尼，此时产生的是与应变振幅相关的静滞后型阻尼。同时，基体中铁素体/奥氏体相界面及晶界界面滑移量随应变振幅的增加而增加，在位错阻尼和界面阻尼的共同作用下，阻尼值快速增大。

第三阶段的应变振幅范围是 $2\times10^{-4}<\varepsilon\leqslant5\times10^{-4}$，阻尼值仍然在增大，但速率降低。随着应变振幅的增加，相界面和晶界的滑移量增加，且位错扫过基体的面积也增加，阻尼值增大。但由于此时界面滑移量已趋于最大，同时位错线在交互作用及界面的限制作用下，扫过基体的面积减小，阻尼值随应变的增速降低。

对于特定阻尼－应变曲线，界面阻尼的贡献体现为阻尼－应变曲线的斜率。而对于不同的等温淬火工艺曲线，界面阻尼的贡献体现为相同应变振幅下，阻尼值的大小。当应变振幅相同时，基体中的微观组织越细小、晶界和相界面积越大，阻尼值越大。以一步等温淬火温度分别为 240 ℃和 280 ℃的 ADI 阻尼－应变曲线为例（图 4－59）。由图可见，当应变振幅相同时，一步等温淬火温度为 280 ℃的 ADI 阻尼值明显高于 240 ℃的 ADI。这是由于，当一步等温淬火温度低于 280 ℃时，随一步等温淬火温度的升高，基体组织不断细化，基体中铁素体/奥氏体界面面积和晶界面积均增加，因此，在相同的外应力作用下，一步等温淬火温度为 280 ℃的 ADI 界面滑移耗能更多，阻尼值较大。

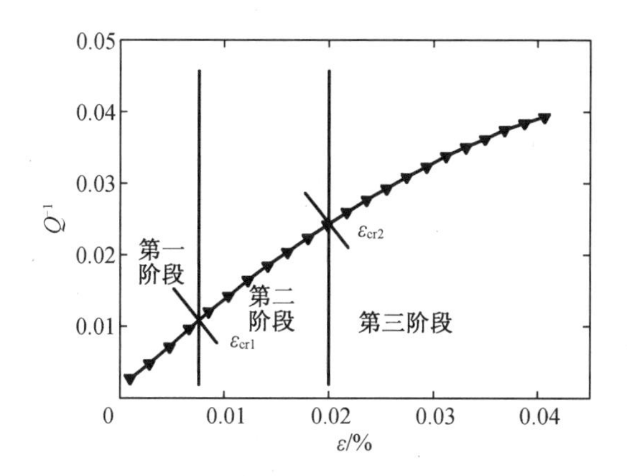

图 4 – 58　二步等温淬火时间为 90 min ADI 试样的阻尼 – 应变曲线

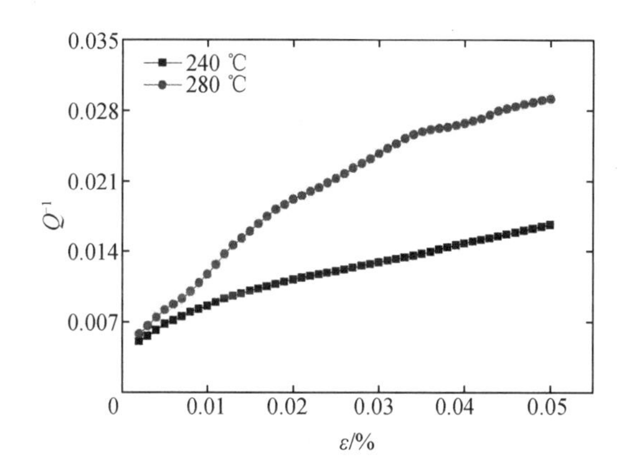

图 4 – 59　一步等温淬火温度为 240 ℃和 280 ℃的 ADI 试样阻尼 – 应变曲线

对于振动频率响应机制而言，在不同等温淬火温度和时间下，ADI 共振阻尼峰的频率未发生明显改变，由 3.5 节可知，材料的共振频率由密度、弹性模量和尺寸等因素决定。由于热处理工艺未对上述参数产生影响，因此 ADI 的共振频率未发生明显变化。其阻尼机制为本征阻尼机制。根据式(3 – 30)，利用混合定律来估算材料的阻尼性能。以二步等温淬火温度为 320 ℃的 ADI 为例，将计算结果与实测值进行比较，如图 4 – 60 所示。由图可见，利用混合定律计算得到的结果与实测值十分接近，这表明 ADI 的频率响应机制符合本征阻尼机制。

在不同等温淬火温度和时间下，ADI 的阻尼性能均随振动频率的增加而升高，这是由于振动频率增加，ADI 基体中的相界面及晶界滑移量增加，界面阻尼增大。因此，基体对 ADI 阻尼性能的影响机制是本征阻尼和界面阻尼共同作用的结果。此外，当振动频率相同时，ADI 阻尼性能的高低取决于基体中相界面和晶界面积的大小。基体中的微观组织越细小，相界和晶界面积越大，ADI 的阻尼性能越高。

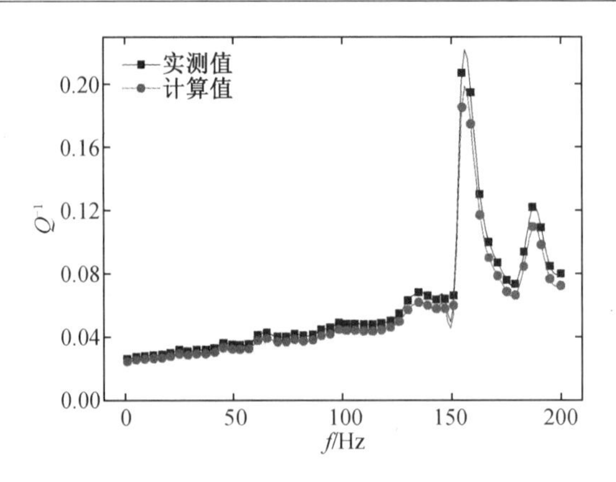

图 4－60　利用混合定律计算的阻尼－频率曲线与实际曲线的对比

对于温度响应机制而言，在不同等温淬火温度和时间下，ADI 的阻尼值均随振动温度的升高先增大后减小，并在 210 ℃附近出现阻尼峰。以一步等温淬火温度为 320 ℃的 ADI 为例（图 4－61），通过对阻尼－温度曲线进行分析，将其划分成若干阶段，该曲线是位错阻尼和界面阻尼综合作用的结果。

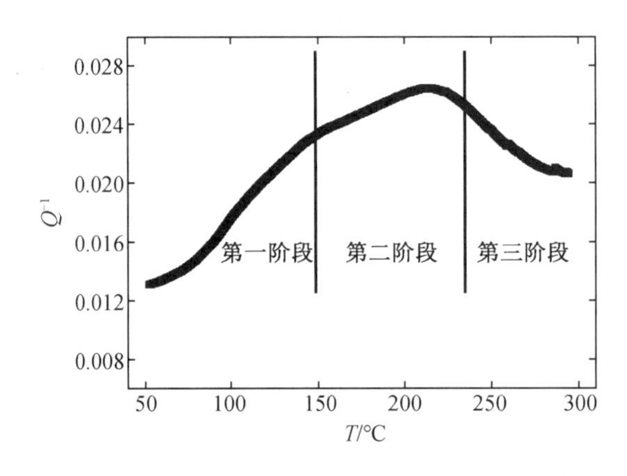

图 4－61　一步等温淬火温度为 320 ℃ADI 的阻尼－温度曲线

第一阶段的振动温度范围是 50 ℃ $< T \leq$ 150 ℃，阻尼性能随振动温度的增加而逐渐升高。根据式（3－10）和式（3－14），Q_L^{-1} 正比于 ρL^4，随着温度的升高，位错线长度逐渐增加，位错阻尼增大。同时，随着温度的升高，相界和晶界的结合力逐渐减弱，界面微滑移量逐渐增加，界面阻尼增大。在二者的协同作用下，ADI 的阻尼性能随温度升高而快速上升。

第二阶段的振动温度范围是 150 ℃ $< T \leq$ 230 ℃，此时主导阻尼机制主要为界面阻尼，位错阻尼所占比例下降。当 $T > 0.1T_m$ 后，位错线长度减小而位错密度增加，而 Q_L^{-1} 正比于 ρL^4，因此 Q_L^{-1} 逐渐增加，此时的位错阻尼也会变大。同时，温度升高导致界面结合力降低，界面微滑移量逐渐增加，当温度达到 210 ℃时，滑移量达到最大，出现阻尼峰。

第三阶段的振动温度范围是 230 ℃ $< T \leq$ 300 ℃，随着温度的升高，界面结合力进一步减弱，但此时界面滑移量已经趋于最大，因此同等滑移量需要克服的滑动摩擦力逐渐减小，内摩擦力做功减少，能耗降低；此外，原子会受到高温作用而重新排列，此时位错密度降低，

对应的位错阻尼也降低。在界面阻尼和位错阻尼的共同作用下,ADI 的阻尼性能降低。

ADI 在进行阻尼的温度测试时,基体的应力、应变随温度发生变化。升温过程中基体应力和应变的变化也能说明 ADI 阻尼的温度响应机制,如图 4－62 所示。

如图 4－62 所示,首先在升温开始前的 A 点,由于受到材料制备时热残余应力的影响,且铁素体的热膨胀系数小于残余奥氏体,因此基体中的残余奥氏体受到拉应力的作用。在随后升温过程中,由于铁素体热膨胀系数低,基体中的残余奥氏体在膨胀时还将受到来自铁素体的热压应力的作用,此时拉伸应力将与残余压应力相互抵消(*A*—*B* 段)。当由制备产生的残余拉应力完全被由温度升高形成的热压应力消耗掉后,残余奥氏体所承受的来自铁素体的压应力开始随着温度升高逐渐增大(*B*—*C* 段),当热压应力达到残余奥氏体的屈服强度时,奥氏体发生压缩屈服变形(*C*—*D* 段)。由热错配引起的应力超过界面剪切强度时,铁素体与奥氏体的界面将通过位错的运动发生滑移,产生微塑性变形,此时阻尼曲线达到最大值。随着温度继续升高(*D*—*E* 段),残余奥氏体所受压应力逐渐减小,残余奥氏体内发生原子重新排列,位错密度大幅度减小,阻尼性能随之下降。

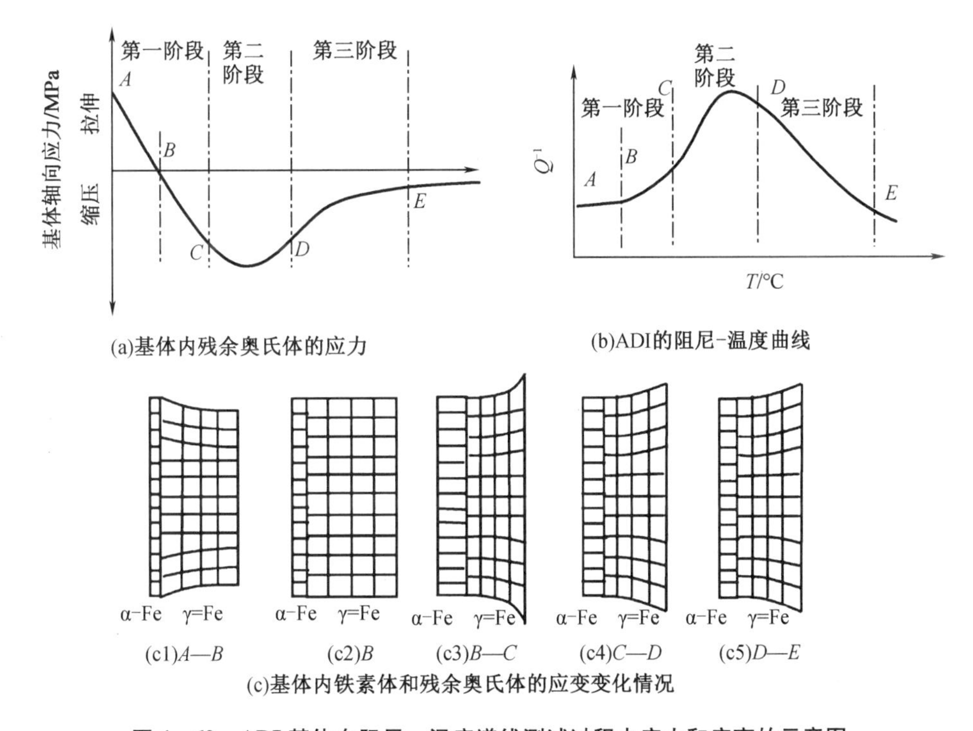

图 4－62　ADI 基体在阻尼－温度谱线测试过程中应力和应变的示意图

4.6　本 章 小 结

本章通过调控两步等温淬火热处理工艺(包括一步等温淬火温度、时间和二步等温淬火温度、时间),制备了具有不同基体组织及相含量的 ADI,并研究 ADI 的微观组织对其力学及阻尼性能的影响。本章重点讨论了应变振幅、频率和温度对 ADI 阻尼性能的影响,并阐释了 ADI 基体对阻尼性能的影响机制,得到如下结论:

(1)在不同两步等温淬火热处理工艺下,基体组织中的铁素体和残余奥氏体含量及形貌发生改变,同时伴有马氏体和 Fe_3C 的生成。

(2)对 Fe_3C 相的析出行为进行数值模拟计算,结果表明,Fe_3C 相在 ADI 中析出的有效温度区间为 226 ~568 ℃,Fe_3C 的临界晶核半径在 0.13 ~0.39 nm 之间,且临界晶核半径随析出温度的降低而减小。

(3)不同热处理工艺条件下,ADI 的阻尼值均随应变振幅的增加而增大,其应变响应机制为位错阻尼和界面阻尼,且位错阻尼符合 G – L 位错钉扎理论。通过$(Q^{-1}/\varepsilon)-\varepsilon$ 曲线可确定位错阻尼机制中位错脱钉的临界应变值。当应变振幅一定时,不同热处理工艺下,ADI 的阻尼值与相界和晶界面积表现出很强的依赖关系,阻尼值随相界和晶界面积的增加而增大。

(4)不同热处理工艺条件下,ADI 的阻尼值均随振动频率的增加而增大,其频率响应机制为本征阻尼和界面阻尼。ADI 的共振频率不随热处理工艺条件的改变而改变。材料的本征阻尼能够较好满足 ROM 混合定律。当振动频率相同时,ADI 的阻尼值随基体中相界和晶界面积的增加而增大。

(5)不同热处理工艺条件下,ADI 的阻尼值随温度的升高先增大后减小,并在 210 ℃出现阻尼峰。ADI 阻尼的温度响应机制是位错阻尼和界面阻尼综合作用的结果。当 50 ℃ $<T\leq$150 ℃时,位错阻尼占主导;当 150 ℃ $<T\leq$230 ℃时,主导阻尼机制发生改变,位错阻尼所占比例下降,晶界和相界面阻尼比例增加,并在 210 ℃出现阻尼峰;当 230 ℃ $<T\leq$300 ℃时,位错阻尼与界面阻尼均减小。

第5章　喷丸处理对 ADI 阻尼性能的影响

ADI 齿轮的主要失效原因为齿根疲劳断裂、齿面剥落及磨损，而喷丸强化是提高材料疲劳强度的重要手段。在实际生产中，ADI 齿轮需要进行喷丸强化处理，通过钢丸与零件的表面快速撞击，使零件表面在压缩应力的作用下发生塑性变形，进而提高材料的疲劳强度。为了模拟实际生产环节，为 ADI 在变速箱传动部件的应用提供有力理论支撑，本章通过对 ADI 试样表面进行喷丸处理，研究喷丸处理对 ADI 阻尼性能的影响，并阐明其阻尼机制。

选取综合性能良好的 ADI 试样（一步等温淬火温度 280 ℃，一步等温淬火时间 15 min，二步等温淬火温度 320 ℃，二步等温淬火时间 40 min）进行喷丸处理，工艺参数如表 2－5 所示。

5.1　喷丸处理对 ADI 微观组织的影响

喷丸时间对 ADI 金相组织的影响如图 5－1 所示。

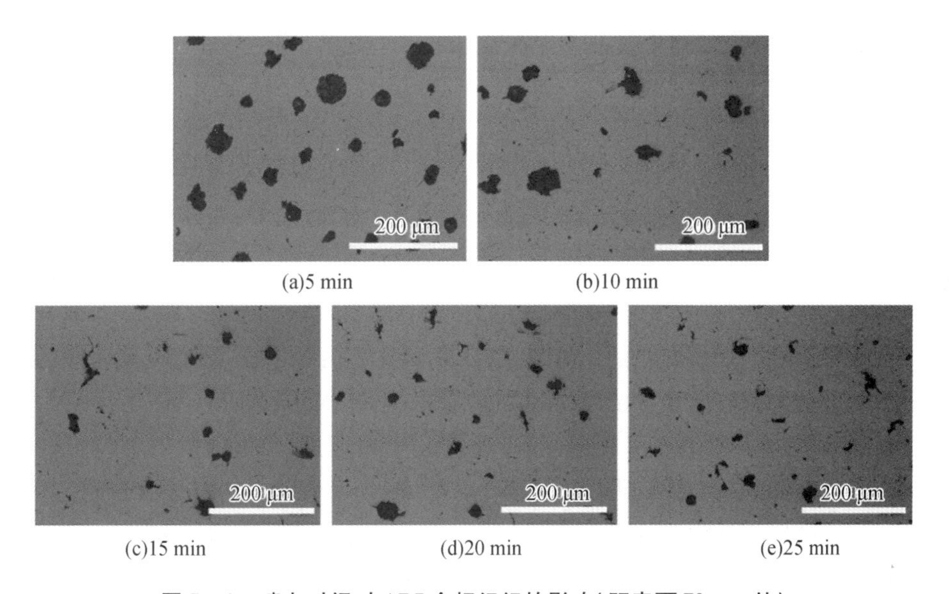

(a)5 min　(b)10 min　(c)15 min　(d)20 min　(e)25 min

图 5－1　喷丸时间对 ADI 金相组织的影响（距表面 70 μm 处）

由于 DMA 测试样品尺寸为 45 mm × 10 mm × 1 mm，因此，为了不使后续加工对试样应力产生较大影响，本试验切取 45 mm × 10 mm × 1 mm 的片状试样进行喷丸处理并对其微观组织和阻尼性能进行分析。由于喷丸试样的最大压应力出现在距表面 70 μm 附近（图 5－

10)，因此，本试验对喷丸 ADI 距表面 70 μm 处的金相组织进行观察(图 5－1)。由图可知，随着喷丸时间的延长，石墨的破坏程度逐渐增加，石墨尺寸逐渐变小。当喷丸时间超过 15 min 后，石墨尺寸明显变小，当喷丸时间达到 25 min 时，已经很难看到完整的球状石墨，同时石墨尺寸大幅度减小。由于本试验的试样厚度较小(仅为 1 mm)，因此喷丸对石墨的破坏程度被放大。在实际生产中，石墨的破坏程度相对较小。

由图 5－2 和表 5－1 可知，随着喷丸时间的延长，马氏体峰的强度逐渐增加，而残余奥氏体含量逐渐降低。这表明高碳的残余奥氏体通过 TRIP 效应转变为马氏体。

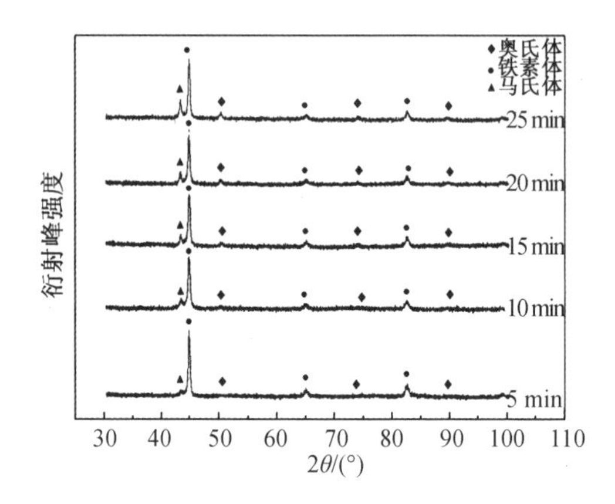

图 5－2　不同喷丸时间 ADI 试样的 XRD 图

表 5－1　喷丸时间对 ADI 残余奥氏体含量的影响

喷丸时间/min	基体中残余奥氏体含量/(vol/%)
5	20.17
10	17.69
15	14.32
20	11.20
25	10.01

图 5－3 所示是不同喷丸时间下 ADI 的 TEM 照片。由图可知，随着喷丸时间的延长，铁素体片层间距逐渐降低，从 5 min 时的 120 nm 降低至 25 min 时的 20 nm，这表明喷丸使 ADI 的晶粒细化。同时，由图中还可发现，随着喷丸时间的延长，位错密度增加，这是由于喷丸时间延长 ADI 基体的塑性变形量增加所致。对喷丸时间为 25 min 的 ADI 进行选区衍射可以明显发现，残余奥氏体内存在两套衍射斑点，分别是残余奥氏体和马氏体，这与 XRD 的测试结果相同，表明残余奥氏体通过 TRIP 效应转变为马氏体。

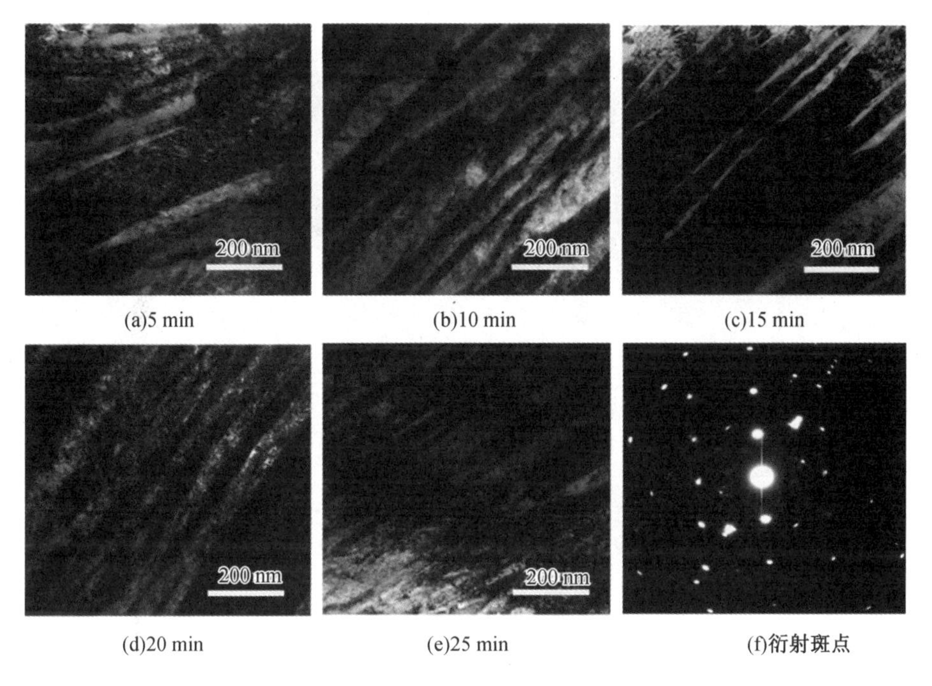

(a)5 min　(b)10 min　(c)15 min

(d)20 min　(e)25 min　(f)衍射斑点

图 5 -3　不同喷丸时间下 ADI 的 TEM 照片

5.2　喷丸处理对 ADI 表面粗糙度的影响

采用 C130 型激光共聚焦显微镜观察喷丸 ADI 表面形貌并测定其表面粗糙度，结果如图 5 -4 至图 5 -8 所示。

根据上述结果，建立喷丸试样表面粗糙度随时间变化曲线，如图 5 -9 所示。由图可知，随着喷丸时间的延长 ADI 表面粗糙度先增大后减小，在喷丸时间为 10 min 时达到最大值，表面粗糙度 Ra 为 0.986 μm，这主要是由于短时间喷丸后，表面出现的弹坑和凸起使表面粗糙度显著增大；但由于延长喷丸时间并不改变冲击材料表面弹丸的速度和能量，因而当合金表面均被弹丸冲击后，撞击次数增多导致石墨破坏程度增大，同时基体表面也变得较为平整，因此表面粗糙度降低。

表面粗糙度，反映了喷丸后金属材料表面的重要特征。表面粗糙度对金属材料的后续应用具有直接影响。如果表面粗糙度较大，那么材料局部就容易出现应力集中，从而出现裂纹。喷丸后的材料，其理想状态为材料的纳米化程度达到最大值，但其表面粗糙度降至最小值。如前所述，随着喷丸时间的延长，ADI 表面粗糙度先增大后降低。因而，为了实现表面纳米化和表面粗糙度的良好组合，ADI 应在较小的空气压力（0.05 MPa）和较长的喷丸时间（20 ~ 25 min）下进行喷丸。

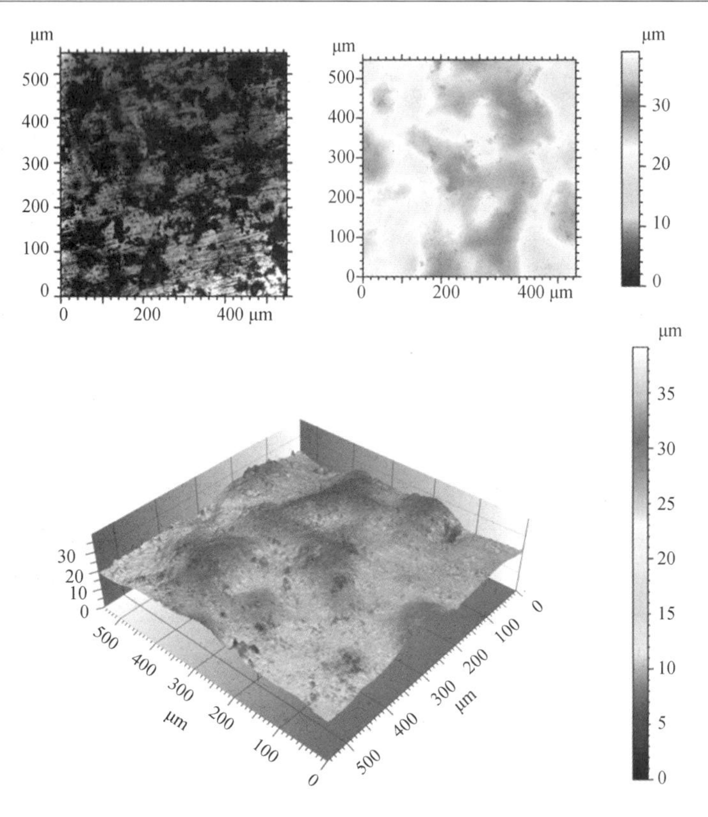

图 5-4 喷丸 ADI 表面形貌及粗糙度(0.05 MPa,5 min)

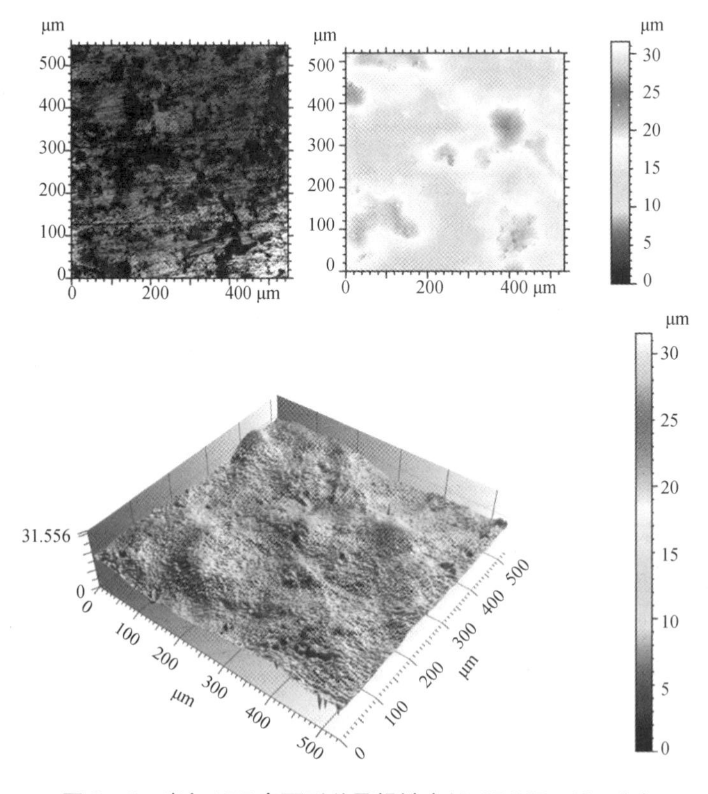

图 5-5 喷丸 ADI 表面形貌及粗糙度(0.05 MPa,10 min)

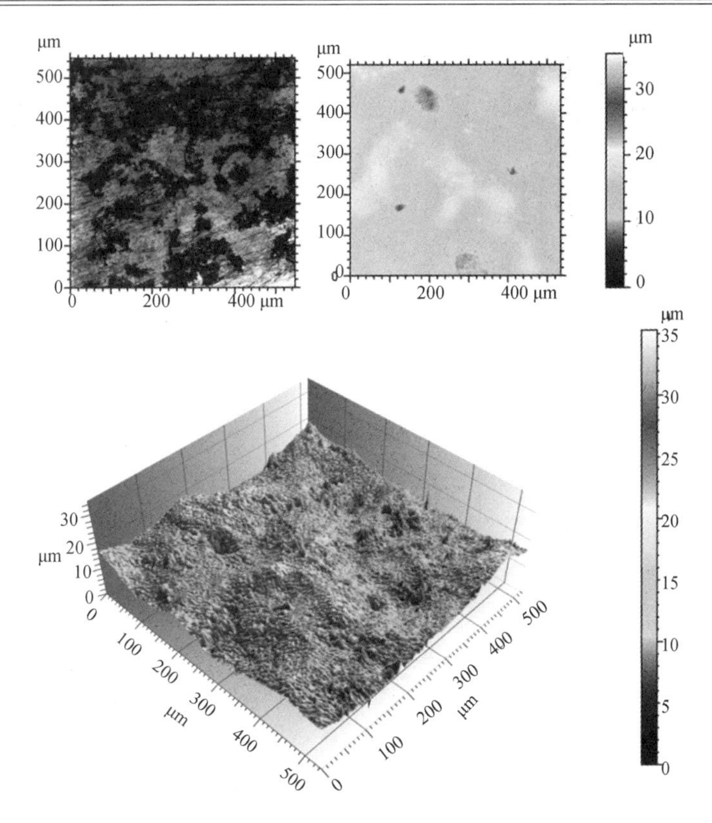

图 5-6　喷丸 ADI 表面形貌及粗糙度（0.05 MPa,15 min）

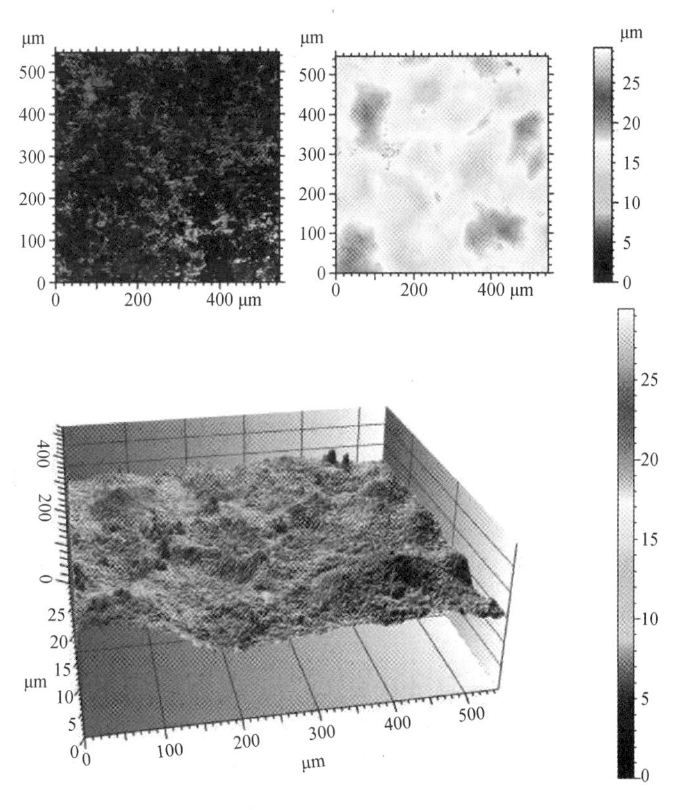

图 5-7　喷丸 ADI 表面形貌及粗糙度（0.05 MPa,20 min）

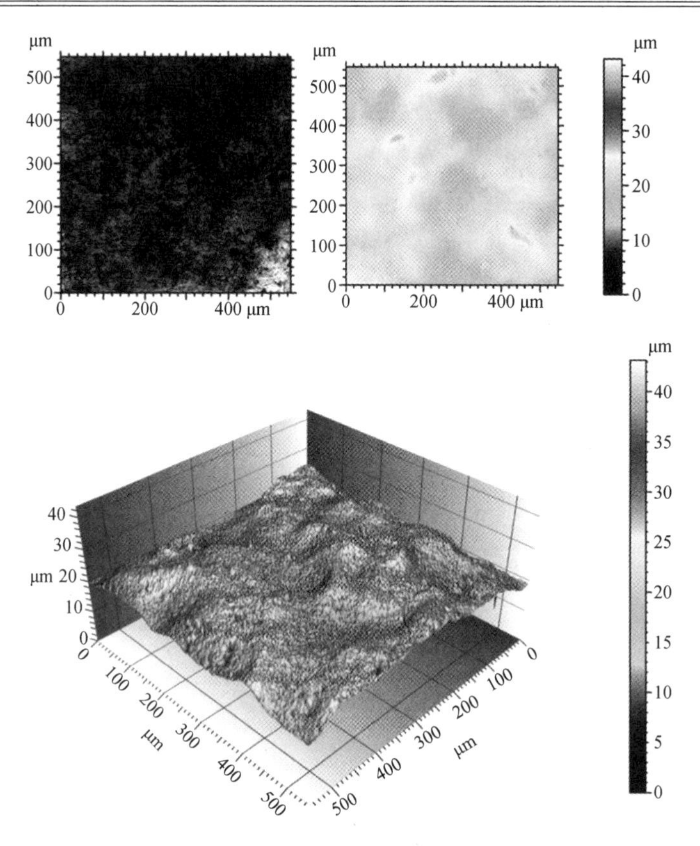

图 5-8　喷丸 ADI 表面形貌及粗糙度(0.05 MPa,25 min)

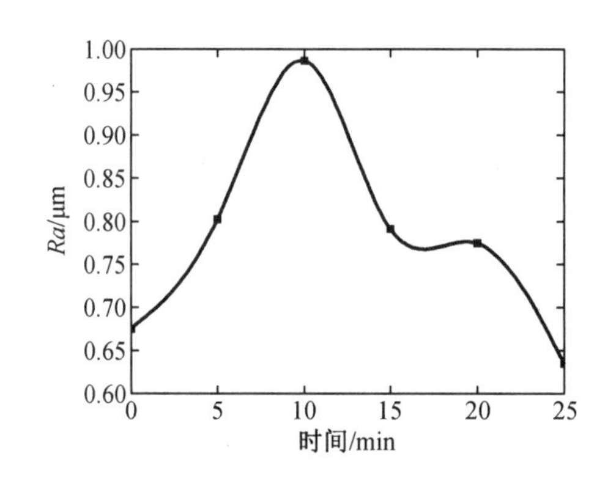

图 5-9　喷丸时间对 ADI 表面粗糙度的影响

5.3　喷丸处理对残余应力分布的影响

利用 X 射线衍射仪检测喷丸后材料的残余应力。采用 X-350A 型 X 射线应力分析仪对试件的残余应力进行测试。限于 X 射线的穿透能力,本次测试只对表层残余应力进行测量。试件通过 XF-1 型电解抛光机做剥层处理,剥层厚度为 0~220 μm,以 20 μm 作为一个层深进行电解抛光,分别针对不同喷丸时间的五组试样进行残余应力测量,做出散点图,并进行曲线拟合，由此就可获得深度不断加深的喷丸残余应力分布图（图 5－10）。

由图 5－10 可见，5 条残余应力曲线的走向基本一致，都呈“勾”形。其中，表层的残余压应力随深度的增加，其压应力值也在不断增加，直至达到峰值后，则随深度增加而逐渐减少且向拉应力转变。深度进一步增加，应力值趋于零。随着喷丸时间的延长，残余压应力先增大后减小，最大残余压应力也相应减小，这是由于随着喷丸时间的延长，冲击坑面积增大，喷丸覆盖率也随之提高，相邻的凹坑会互相影响，从而使残余应力均匀化，但同时残余应力也相应减小。此外，随着喷丸时间的延长，表面残余应力逐渐增大，喷丸时间为 5 min 的 ADI 试样，残余应力最大值较小（385 MPa），深度也较小（60 μm），这主要与喷丸时间较短，喷丸覆盖率较低有关。

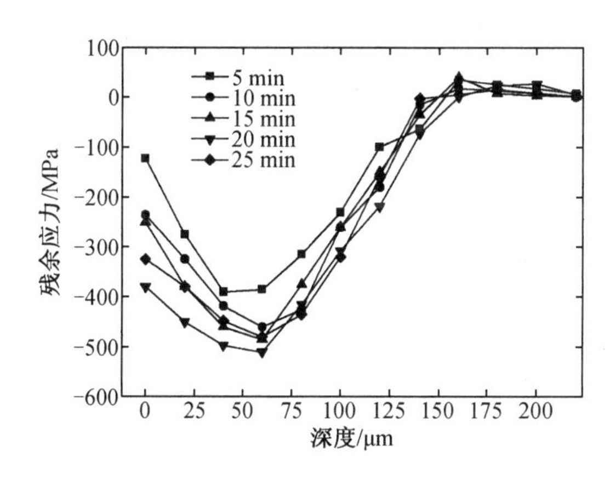

图 5－10　喷丸时间对 ADI 残余应力的影响

5.4　喷丸处理对 ADI 阻尼性能的影响

5.4.1　喷丸处理对 ADI 应变阻尼的影响

图 5－11 所示是喷丸时间对 ADI 阻尼－应变谱曲线的影响。由图可知，喷丸前后 ADI 的阻尼－应变谱曲线均呈现相同的变化趋势，即 ADI 的阻尼值随应变振幅的增加而增大。对比 6 组曲线可知，当应变振幅相同时，随着喷丸时间的延长，ADI 的阻尼性能呈现先升高后降低的变化趋势。相较于未喷丸试样，喷丸 ADI 的阻尼值明显降低，这主要与喷丸处理导致 ADI 中的石墨遭到严重破坏，导致石墨/基体界面面积减小有关。虽然塑性变形导致基体中的位错密度和晶界、相界面积大幅增加，但由第 3 章和第 4 章的研究结果可知，石墨对 ADI 阻尼性能的影响大于基体，因此，喷丸后 ADI 阻尼性能降低。此外，由图还可发现，喷丸时间为 15 min 的 ADI 表现出较高的阻尼性能，这主要与其最大残余应力值较高有关。由于其最大残余应力值较高，导致其晶粒细化程度增加，晶界面积增大，同时其基体内马氏体/奥氏体界面面积也较大，在二者的共同作用下界面阻尼较高，ADI 的阻尼性能处于较高水平。研究表明，汽车齿轮用钢 40CrMnTi 喷丸后的阻尼性能约为 2×10^{-3}。对比图 5－11

可知，虽然喷丸后 ADI 的阻尼性能较喷丸前显著降低，但仍高于 40CrMnTi 的阻尼性能，且由于试验条件限制，阻尼性能较大块试样偏低。在实际生产中，相同成分的块状试样，其阻尼性能应优于本试验值。

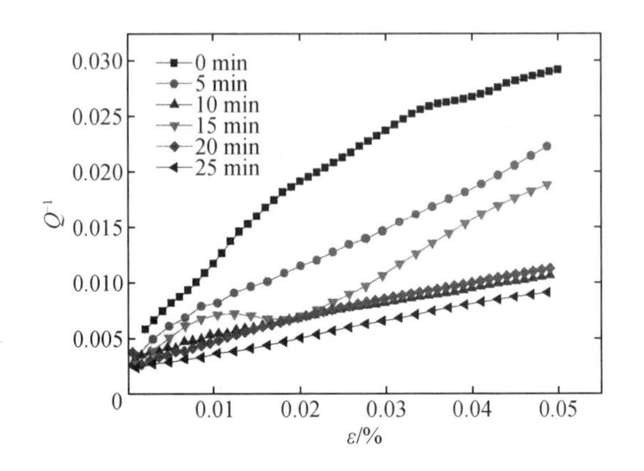

图 5－11　喷丸时间对 ADI 阻尼－应变谱曲线的影响

5.4.2　喷丸处理对 ADI 频率阻尼的影响

图 5－12 所示是喷丸时间对 ADI 阻尼－频率谱曲线的影响。由图可知，喷丸前后 ADI 的阻尼－频率谱曲线呈相同的变化趋势，喷丸后的阻尼－频率曲线在 40 Hz 附近的共振峰消失，同时 150 Hz 和 190 Hz 处的共振峰分别向高频和低频漂移，这可能与喷丸处理导致 ADI 厚度减小有关。由第 3 章和第 4 章的研究结果可知，ADI 的共振频率由试样的弹性模量、密度和尺寸等自身因素决定。随着喷丸时间的延长，在钢丸的不断撞击下，试样厚度不断减小，因此共振峰频率发生改变。当振动频率相同时，喷丸试样的阻尼性能明显低于未喷丸试样，这主要与石墨遭到破坏导致石墨/基体界面面积大幅减小有关。随着喷丸时间的延长，石墨球的破坏程度不断加剧，石墨/基体界面面积大幅减小，界面阻尼减小，ADI 的阻尼性能降低。

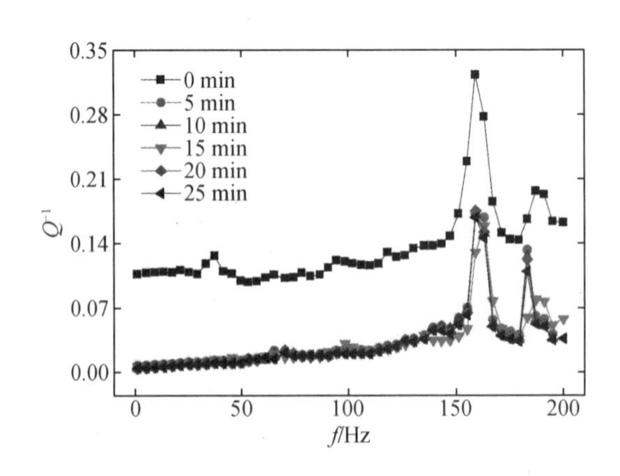

图 5－12　喷丸时间对 ADI 阻尼－频率谱曲线的影响

5.4.3　喷丸处理对 ADI 温度阻尼的影响

图 5-13 所示是喷丸时间对 ADI 阻尼-温度谱曲线的影响。由图可知，喷丸前后 ADI 试样的阻尼-温度(50～300 ℃)曲线表现出相同的变化趋势，即随着温度的不断升高，Q^{-1} 先缓慢增加而后逐渐降低，并在 210 ℃ 出现阻尼峰。对比喷丸前后的阻尼-温度曲线可知，未喷丸 ADI 的阻尼性能高于喷丸 ADI，这是由于喷丸造成大量石墨球破碎，石墨/基体界面面积大幅减小，从而导致界面滑移能耗大幅降低，阻尼性能降低。同时，喷丸时间为 25 min 的 ADI 阻尼性能高于其他喷丸试样，这是由于随着喷丸时间的延长，晶粒不断细化，且铁素体/残余奥氏体和马氏体/铁素体界面面积增加，而界面结合力随温度的升高而降低，在交变应力作用下，界面滑移量增加，界面阻尼增加。

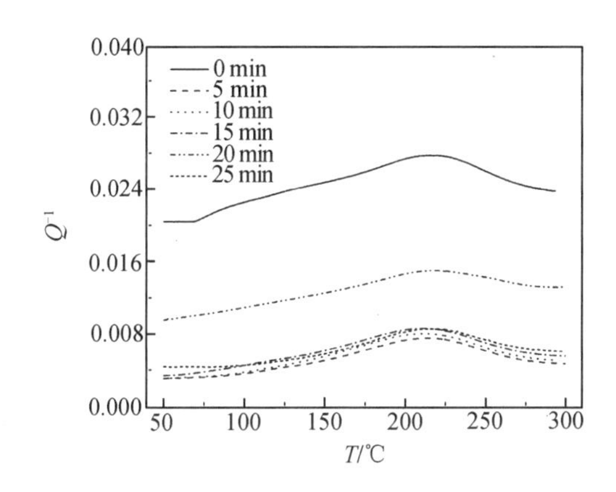

图 5-13　喷丸时间对 ADI 阻尼-温度谱曲线的影响

5.5　本 章 小 结

(1)随着喷丸时间的延长，ADI 中石墨的破坏程度逐渐增大，石墨尺寸大幅降低(最小直径 <5 μm)。当喷丸时间为 25 min 时，已经很难看到完整的球形石墨。残余奥氏体通过 TRIP 效应转变为马氏体，导致其含量降低。随着喷丸时间的延长，ADI 的表面粗糙度先增加后减小，当喷丸时间为 10 min 时，*Ra* 最大为 0.986 μm。

(2)残余应力曲线均呈“勾”形，其中表层为残余压应力，压应力值随深度的增加而增大，达到峰值后随深度的增加而减小。同时，ADI 的应力状态由压应力逐渐转变为拉应力，深度继续增加，应力值趋于零。

(3)虽然喷丸处理导致基体内晶界和相界面积增加，但相较于喷丸前，喷丸后 ADI 的阻尼性能显著降低，这表明石墨对阻尼的贡献大于基体。喷丸 ADI 阻尼值随应变振幅的增加而增大，其中，喷丸时间为 15 min 的 ADI，阻尼性能最高（Q^{-1} 达 0.025）。

(4)喷丸前后，ADI 的阻尼值均随频率的增加而增大，但与喷丸前相比，40 Hz 处共振峰消失，而 150 Hz 和 190 Hz 处的共振峰分别向高频和低频漂移，这主要与喷丸处理导致基体厚度减小有关。当振动频率相同时,喷丸试样的阻尼值明显低于未喷丸试样,这主要与石墨破坏导致石墨/基体界面面积大幅减小有关。

(5)喷丸前后 ADI 的阻尼 - 温度曲线表现出相同的变化趋势,即随着温度的升高,Q^{-1}先增大后减小,并在 210 ℃出现阻尼峰,这主要与界面阻尼有关,且喷丸处理未对阻尼峰温产生影响。

第6章 两步法ADI阻尼性能的数学计算及预报

ADI主要应用于传动部件,其阻尼性能直接影响传动系统的振动和噪声,因此,减振降噪能力是其应用的重要指标。在传动部件的设计中,通常会针对阻尼性能的相关因子进行定量计算。然而,目前尚无定量计算的数学模型,且涉及温度-频率-振幅的动态模型也很鲜见。因此,基于上述背景,本章基于分数导数模型,考虑阻尼损耗因子与频率、温度和应变振幅的关系,建立实际工况下ADI应用的阻尼性能关于上述变量的数学模型,并进行数值计算,以实现ADI阻尼性能的预报,为ADI传动部件的设计提供理论支撑。

6.1 ADI的损耗因子关于频率的模型

相比整数导数模型,分数导数模型可以运用于更宽的频率中。对于黏弹性材料,该模型通过很少的常数就能够对其阻尼特性加以精确模拟。

1936年,Gemant针对黏弹性材料,设计了分数导数本构模型,此后该模型在航空和机械领域中得到应用,而Koh等最先将其引入到车辆支撑结构中;Markis等则将其应用于黏滞阻尼器,对其阻尼特性进行了成功模拟;此后,Lee等在研究黏弹性阻尼器时设计出了新的分数导数模型。Kasai等基于上述模型进行了较大改进,从而提高了模型的精度,模型示意图如图6-1所示。

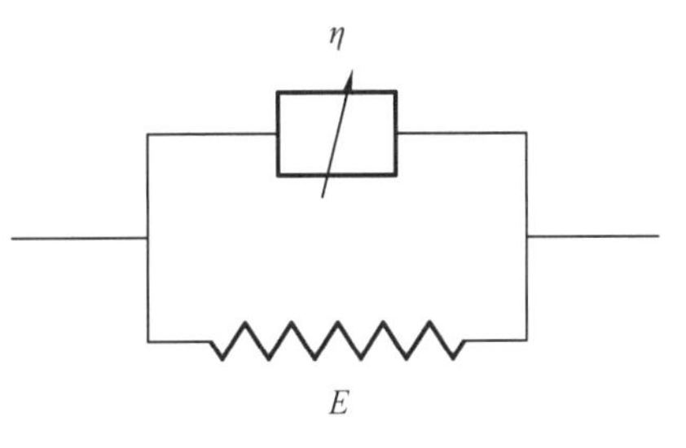

图6-1 分数导数模型

分数导数模型中,应力应变的本构模型为

$$\tau(t)+\delta D^{\delta}\tau(t)=G[\gamma(t)+\delta D^{\delta}\tau(t)+\gamma'(t)+\delta D^{\delta}\gamma'(t)] \tag{6-1}$$

式中 $\tau(t)$和$\gamma(t)$——黏弹性材料的剪应力和剪应变;

$\gamma'(t)$——晶体缺陷引起的剪应变;

G——为弹性参数;

δ——分数导数的阶次,$0<\delta<1$;

D^{δ}——分数导数算子。

$$D^{\delta}\tau(t)=\frac{1}{\Gamma(1-\delta)}\frac{\mathrm{d}}{\mathrm{d}t}\int_0^t\frac{\tau(\zeta)}{(t-\zeta)^{\delta}}\mathrm{d}\zeta \tag{6-2}$$

$$D^{\delta}\gamma(t)=\frac{1}{\Gamma(1-\delta)}\frac{\mathrm{d}}{\mathrm{d}t}\int_0^t\frac{\gamma(\zeta)}{(t-\zeta)^{\delta}}\mathrm{d}\zeta \tag{6-3}$$

由此,得到单向拉伸应力-应变,分数阶黏弹性通用一般关系为

$$\tau(t)+\sum_{m-1}^{M}p_{m}D_{m}^{\delta}\tau(t)=G[\gamma(t)+\gamma'(t)]+\sum_{n-1}^{N}q_{n}D_{n}^{\delta}[\gamma(t)+\gamma'(t)] \tag{6-4}$$

对式(6-4)进行傅里叶变换,得

$$\sigma(\mathrm{i}\omega)+\sum_{m-1}^{M}p_{m}(\mathrm{i}\omega)_{m}^{\delta}\tau(\mathrm{i}\omega)p^{*}=G[\gamma(\mathrm{i}\omega)+\gamma'(\mathrm{i}\omega)]+\sum_{n-1}^{N}q_{n}(\mathrm{i}\omega)_{n}^{\delta}\gamma(\mathrm{i}\omega)q^{*} \tag{6-5}$$

根据式(6-5)并对照图6-1,可得分数导数模型的复模量:

$$Y^{*}(\mathrm{i}\omega)=q_{0}+q_{1}(\mathrm{i}\omega)^{\delta}=q_{0}+G^{\delta}(\mathrm{i}\omega)^{\delta} \tag{6-6}$$

由此得到分数导数模型的损耗因子,亦即动态损耗因子关于频率的模型为

$$Q^{-1}=G(f)=\frac{(2\pi f\eta)^{\delta}\sin(\delta\pi/2)}{\xi+(2\pi f\eta)^{\delta}\cos(\delta\pi/2)} \tag{6-7}$$

式中 η——黏滞系数;

δ——分数导数的阶次,$0<\delta<1$;

ξ——通过材料的存储模量确定,$\xi\approx E\times10^{-7}$,其中 E 为材料的存储模量。

但上式中ADI的界面、位错等晶体缺陷未得到体现。

根据葛庭燧的研究结果,有

$$Q^{-1}=\pi M\frac{3\alpha}{D}\frac{\omega\tau}{1+\omega^{2}\tau^{2}} \tag{6-8}$$

式中 M——弛豫模量;

α——一个量级为1的常数;

D——基体中相的宽度;

ω——角频率;

τ——弛豫时间。

由式(6-8)可知,$Q\propto1/D$。同时,由式(1-13)可知,$Q\propto\rho L^{4}$,其中 ρ 为基体中的可动位错密度,L 为位错钉扎的有效距离。因此设 $Q^{-1}=\Lambda G(f)$,则修正因子 Λ 可表示为

$$\Lambda=\frac{Ca^{n}\rho L^{4}}{\pi d\sum_{i=1}^{m}D} \tag{6-9}$$

式中 C——石墨的形状因子,球形为1.5;

d——石墨球直径;

a——单位面积的石墨球数量;

D——基体中相的厚度;

m——基体中相的数量;

ρ——基体中的可动位错密度;

L——位错钉扎的有效距离,约为弱钉扎点间距离 L_{C} 的3.3倍。

式(6-9)中除 n 以外的参数均可确定,则有

$$\Lambda=ka^{n} \tag{6-10}$$

那么,式(6-7)转换为

$$Q^{-1} = \Lambda G(f) = ka^n \frac{(2\pi f\eta)^\delta \sin(\delta\pi/2)}{\xi + (2\pi f\eta)^\delta \cos(\delta\pi/2)} \tag{6-11}$$

令 $\delta = 0.5$，$\eta = 0.013$，本试验测得 ADI 的弹性模量约为 156 GPa，则 $\xi = 15.6$。同时，令 $n = 1,2,3,4$，分别绘制 $Q-f$ 曲线，如图 6-2 所示。

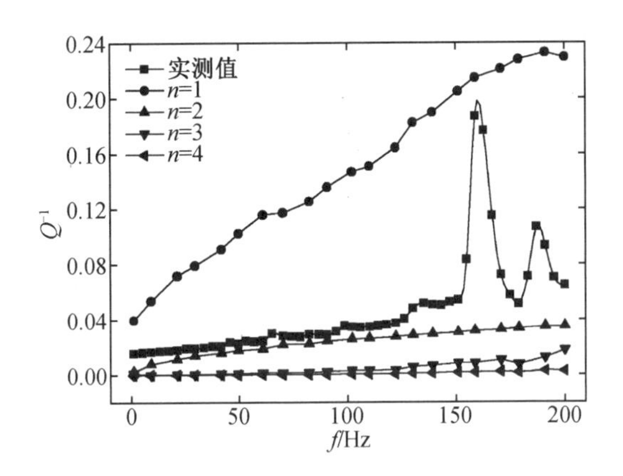

图 6-2　频率相关损耗因子计算曲线与实验曲线对比

由图 6-2 可知，当 $n = 2$ 时，$Q^{-1} = \Lambda G(f)$ 与实测值较为接近，计算曲线基本描述了 ADI 的内耗值随频率的变化趋势。因此，$\Lambda = ka^2$，则有

$$Q^{-1} = \frac{C\rho L^4 a^2}{\pi d \sum_{i=1}^{m} D} \frac{(2\pi f\eta)^\delta \sin(\delta\pi/2)}{\xi + (2\pi f\eta)^\delta \cos(\delta\pi/2)} \tag{6-12}$$

6.2　ADI 的损耗因子关于温度 - 频率的模型

利用公式(6-1)，结合前文阻尼 - 温度谱曲线的数据分析可知，当 50 ℃ $< T <$ 100 ℃时，材料的阻尼性能较为稳定，且基本保持不变。基于此，仅考虑 $T >$ 100 ℃时阻尼性能的变化情况，并将阻尼函数拆分为两部分：

(1) 由频率决定而与温度无关的量；

(2) 与频率和温度均相关的量。

此时，在特定频率下，将损耗因子中仅与频率相关的部分去除，即获得新的数据点，并利用其绘制曲线，则该曲线与钟形高斯曲线形状极为相近。

在上述基础上，假设 $T >$ 100 ℃时阻尼性能与应变振幅无关，则得到 ADI 的损耗因子关于温度和频率的数学模型表达式：

$$Q^{-1} = Q(T,f) = N(f) - L(f)[T - K(f)]^2 \tag{6-13}$$

式中，$K(f)$、$L(f)$、$N(f)$ 均是只与频率有关的量。将其分解，一方面分离仅与频率有关的量，前面数据分析中认为在温度高于 270 ℃时，随温度升高其阻尼值基本为常数；另一方面分离出与温度 - 频率都有关的量，并利用式(6-10)对式(6-13)进行修正，则

$$Q^{-1}=\Lambda Q(T,f)=\Lambda N(f)-\Lambda L(f)[T-K(f)]^2 \tag{6-14}$$

$$N(f)=\frac{(2\pi f)^{\delta}\eta^{\delta+1}\cos(\delta\pi/2)\xi}{\xi+(2\pi f)^{\delta}\eta^{\delta+1}\sin(\delta\pi/2)}\times 10^4 \tag{6-15}$$

$$L(f)=\frac{2\pi f\eta^{\delta}\sin(\delta\pi/2)}{(\xi+1)^{\delta}+2\pi f\eta^{\delta}\cos(\delta\pi/2)} \tag{6-16}$$

由于式中 $K(f)$ 的数值与峰值温度接近，因此以峰值温度 T_m 对其进行替代。$\Lambda=ka^n$，令 $n=1,2,3$，代入式(6－15)和式(6－16)计算得到参数 $L(f)$ 和 $N(f)$ 的值如表 6－1 所示。利用最小二乘法对表 6－1 中的数据进行识别，得到式(6－17)和式(6－18)。

表 6－1　不同 n 值下参数 $L(f)$ 和 $N(f)$ 的值

n	$\Lambda L(f)$	$\Lambda N(f)$
1	5.78×10^{-8}	1.62×10^{-4}
2	1.01×10^{-6}	1.45×10^{-2}
3	1.73×10^{-2}	3.38×10^{2}

参数 $L(f)$ 决定阻尼损耗因子峰值大小，虽然本试验频率均采用 $f=1\text{Hz}$，但根据阻尼影响机制的相关理论，振动频率增大，峰值相对增大。$L(f)$ 与 f 呈线性关系，结合表 6－1 得：

$$\Lambda L(f)=\begin{cases}6.12\times10^{-8}f-3.442\times10^{-9}, n=1\\ 1.0755\times10^{-6}f-1.0655\times10^{-6}, n=2\\ 8.9154\times10^{-2}f-7.1854\times10^{-2}, n=3\end{cases} \tag{6-17}$$

参数 $N(f)$ 表示试验数据的集中程度，对于球墨铸铁，振动频率越高，阻尼峰值温度越高，而阻尼损耗因子在高温下为常数，且数据分布较为集中，因此当 $N(f)$ 较小时，其与 f 呈线性关系，结合表 6－1 得：

$$\Lambda N(f)=\begin{cases}1.467\times10^{-4}+1.527\times10^{-5}f, n=1\\ 0.01321+0.00129f, n=2\\ 124.85+213.147f, n=3\end{cases} \tag{6-18}$$

由于 $0<Q^{-1}<1$，显然当 $n=3$ 时，$\Lambda N(f)$ 不满足条件。将 $n=1,2$ 时的 $\Lambda L(f)$ 和 $\Lambda N(f)$ 分别代入式(6－14)。当振动频率为 1 Hz 时，做阻尼－温度计算曲线如图 6－3 所示。将 2 组计算曲线与实测值进行比较可知，当 $n=2$ 时，曲线与实测值较为接近，但计算曲线中的阻尼峰不明显，计算模型还有待进一步完善。当 $n=2$ 时，将式(6－9)、式(6－10)、式(6－15)和式(6－16)代入式(6－14)，得到 ADI 阻尼性能关于温度和频率变量的经验公式为

$$Q^{-1}=\frac{C\rho L^4a^2}{\pi d\sum_{i=1}^{m}D}\left[\frac{(2\pi f)^{\delta}\eta^{\delta+1}\cos(\delta\pi/2)\xi}{\xi+(2\pi f)^{\delta}\eta^{\delta+1}\sin(\delta\pi/2)}\times10^4-\frac{2\pi f\eta^{\delta}\sin(\delta\pi/2)}{(\xi+1)^{\delta}+2\pi f\eta^{\delta}\cos(\delta\pi/2)}(T-T_m)^2\right] \tag{6-19}$$

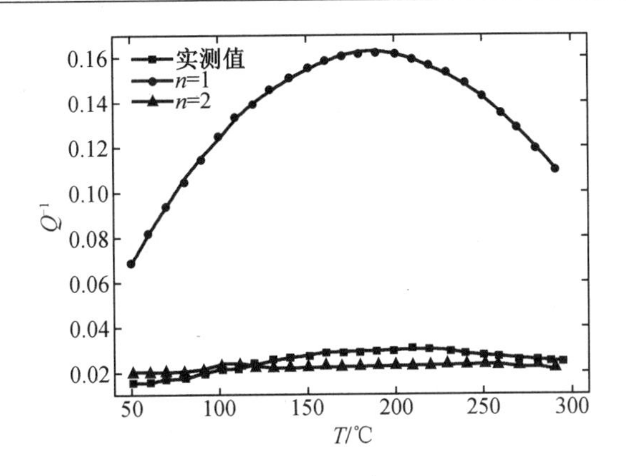

图 6-3　温度相关损耗因子计算曲线与实验曲线对比

6.3　ADI 的损耗因子关于应变振幅的模型

由第 4 章中 ADI 的阻尼-应变曲线可以看出，由应变振幅变化导致的阻尼损耗变化量与频率无关，且在本试验中，ADI 阻尼值与应变振幅值表现出明显的对数函数关系。基于此，识别图中曲线数值并建立阻尼损耗因子关于应变振幅的对数函数。同时，引入修正因子 $\Lambda = ka^n$，令 $n=1,2,3,4$，对函数进行修正，得到式(6-20)：

$$Q^{-1} = \Lambda Q(\varepsilon) = ka^n[\ln(\varepsilon+1)+q] \tag{6-20}$$

式中，q 为应变振幅趋于零时材料的内耗值，在本试验中 $q \approx 0.027$。绘制 n 取不同值的阻尼-应变曲线，并与实测值进行比较，如图 6-4 所示。由图可见，当 $n=1$ 时，计算曲线与实测曲线吻合较好，则式(6-20)转变为

$$Q^{-1} = \frac{C\rho L^4 a}{\pi d \sum_{i=1}^{m} D}\ln(\varepsilon+1)+q \tag{6-21}$$

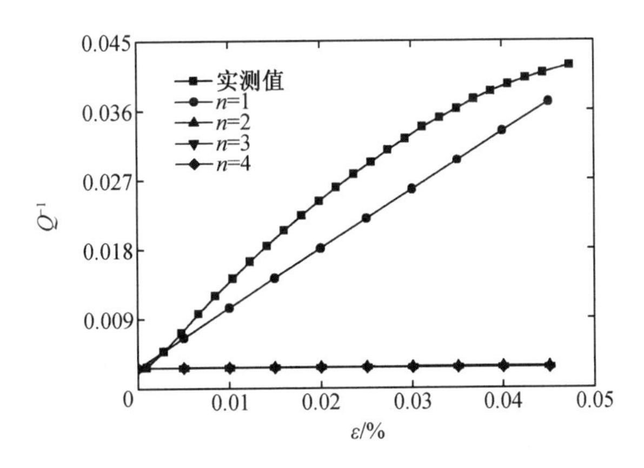

图 6-4　振幅相关损耗因子计算曲线与实测曲线对比

6.4 本章小结

基于分数导数模型,考虑阻尼动态损耗因子与频率、温度和应变振幅的关系,建立阻尼损耗因子关于上述变量的数学模型。在此基础上,引入结构因子对数学模型进行修正,并与测量值进行拟合,最终得到 ADI 阻尼损耗因子关于频率、温度和应变振幅的经验公式:

$$Q^{-1}(f) = \frac{C\rho L^4 a^2}{\pi d \sum_{i=1}^{m} D} \frac{(2\pi f\eta)^{\delta}\sin(\delta\pi/2)}{\xi + (2\pi f\eta)^{\delta}\cos(\delta\pi/2)}$$

$$Q^{-1}(T,f) = \frac{C\rho L^4 a^2}{\pi d \sum_{i=1}^{m} D}\left[\frac{(2\pi f)^{\delta}\eta^{\delta+1}\cos(\delta\pi/2)\xi}{\xi + (2\pi f)^{\delta}\eta^{\delta+1}\sin(\delta\pi/2)} \times 10^4 - \frac{2\pi f\eta^{\delta}\sin(\delta\pi/2)}{(\xi+1)^{\delta} + 2\pi f\eta^{\delta}\cos(\delta\pi/2)}(T - T_{\mathrm{m}})^2\right]$$

$$Q^{-1}(\varepsilon) = \frac{C\rho L^4 a}{\pi d \sum_{i=1}^{m} D}\ln(\varepsilon + 1) + q$$

第7章　结　　论

本书以汽车变速箱齿轮材料为背景研究石墨形态、数量及基体组织对两步法 ADI 力学及阻尼性能的影响。同时,结合生产实际,研究喷丸处理对 ADI 阻尼性能的影响。此外,基于分数导数模型,考虑阻尼动态损耗因子与频率、温度和应变振幅的关系,建立 ADI 的阻尼性能关于上述变量的数学模型。得到如下结论:

(1)通过改变球化剂加入量和铸件壁厚,获得了不同石墨形态和数量的 ADI。当石墨形态为蠕虫状时,ADI 的抗拉强度仅为 752 MPa、伸长率为 1.7%、冲击功为 22.6 J;当石墨形态为球状时,ADI 的抗拉强度、屈服强度、伸长率及冲击功分别提升至 1 264 MPa、1 160 MPa、10.7% 和 101.4 J。随着铸件壁厚的增加,石墨球数量发生明显改变,从 34 个/mm^2 增加至 84 个/mm^2,但 ADI 的力学性能变化不大。

(2)随着石墨形态从蠕虫状到团状并最终转变为球状,ADI 的阻尼性能逐渐降低。随着石墨球数量的增加,ADI 的阻尼性能逐渐升高。对于不同石墨形态和数量的 ADI,其阻尼性能与应变振幅、频率和温度的变化的基本规律相同。ADI 的阻尼随应变振幅的增加而增大,随频率的增加波动增大,但增幅不大。ADI 的阻尼随温度的升高会先增后减,并在 210 ℃附近出现阻尼峰。其阻尼机制包括位错阻尼、本征阻尼和界面阻尼,其中位错阻尼符合 G-L 理论。ADI 的频率响应机制为本征阻尼和界面阻尼,其本征阻尼能够较好满足混合定律。ADI 的温度响应机制为位错阻尼和界面阻尼。当 50 ℃ $< T \leqslant$ 170 ℃时,位错阻尼为主导;当 170 ℃ $< T \leqslant$ 230 ℃时,位错阻尼比例下降,而界面阻尼比例上升;当 230 ℃ $< T \leqslant$ 300 ℃时,界面阻尼和位错阻尼均减小。

(3)两步法等温淬火条件下,由一步等温淬火形成的细小针状铁素体有效分割了原奥氏体晶粒,使得二步等温淬火过程中形成的铁素体生长受限,从而主要通过连续形核完成相变,铁素体因此得到显著细化。此外,由于二步等温淬火的温度提升,碳原子扩散作用增强,因此两步法 ADI 的残余奥氏体含量及其碳含量有所增加。

(4)在两步等温淬火热处理工艺下,随着淬火温度和时间的改变,基体组织中的铁素体和残余奥氏体含量、形貌发生变化,同时伴有马氏体和 Fe_3C 的生成。Fe_3C 相析出行为数值模拟结果表明,Fe_3C 相在 ADI 中析出的有效温度为 226~568 ℃,其临界晶核半径为 0.13~0.39 nm,且临界晶核半径随析出温度的降低而减小。

(5)对于不同基体组织的 ADI,其阻尼性能主要与基体中的相界(铁素体/奥氏体、马氏体/奥氏体)和晶界面积及可动位错密度有关。基体中的界面面积越大,可动位错数越多,ADI 的阻尼性能越高。同时,其阻尼性能随应变振幅、频率和温度的变化规律基本相同,变化趋势与石墨类似。

(6)喷丸处理后 ADI 的阻尼性能较喷丸前明显降低,这主要与喷丸处理导致石墨/基体界面面积减小有关。随着喷丸时间的延长,基体中的奥氏体含量降低并通过 TRIP 效应转变为马氏体。虽然基体中马氏体/奥氏体相界面及晶界面积大幅增加,但由于石墨/基体界面面积大幅减小,导致 ADI 的阻尼性能降低,这表明 ADI 中石墨对阻尼的贡献大于基体。

(7)基于分数导数模型,考虑阻尼损耗因子与频率、温度和应变振幅的关系,将温度扫描的阻尼损耗因子分离为仅与频率有关和与频率/温度都有关的两部分;将与振幅相关的阻尼损耗因子用对数函数进行表达,建立阻尼损耗因子关于上述变量的数学模型。在此基础上,引入结构因子对数学模型进行修正,并与测量值进行拟合,最终得到 ADI 阻尼损耗因子关于频率、温度和应变振幅的经验公式:

$$Q^{-1}(f) = \frac{C\rho L^4 a^2}{\pi d \sum_{i=1}^{m} D} \frac{(2\pi f\eta)^{\delta}\sin(\delta\pi/2)}{\xi + (2\pi f\eta)^{\delta}\cos(\delta\pi/2)}$$

$$Q^{-1}(T,f) = \frac{C\rho L^4 a^2}{\pi d \sum_{i=1}^{m} D}\left[\frac{(2\pi f)^{\delta}\eta^{\delta+1}\cos(\delta\pi/2)\xi}{\xi + (2\pi f)^{\delta}\eta^{\delta+1}\sin(\delta\pi/2)} \times 10^4 - \frac{2\pi f\eta^{\delta}\sin(\delta\pi/2)}{(\xi+1)^{\delta} + 2\pi f\eta^{\delta}\cos(\delta\pi/2)}(T - T_m)^2\right]$$

$$Q^{-1}(\varepsilon) = \frac{C\rho L^4 a}{\pi d \sum_{i=1}^{m} D}\ln(\varepsilon + 1) + q$$

参 考 文 献

[1] 刘慧玲,侯晓华,刘文刚.等温淬火球墨铸铁在商用车轮毂上的应用实例[J].铸造工程,2022,46(1):47 – 51.

[2] HU Y Q,WANG X L,QIN Y C,et al. A robust hybrid generator for harvesting vehicle suspension vibration energy from random road excitation[J]. Applied Energy,2022,309:118506 – 118508.

[3] WANG W,ZHOU S,YANG Q. A characterization method for pavement structural condition assessment based on the distribution parameter of the vehicle vibration signal[J]. Applied Sciences,2022,12(2):683 – 685.

[4] CHANG K J,DONG C P,LEE Y S. Active noise control using a body – mounted vibration actuator to enhance the interior sound of vehicle[J]. International Journal of Automotive Technology,2022,23(2):327 – 333.

[5] DYCHTOŃ K,ROKICKI P,NOWOTNIK A,et al. Process temperature effect on surface layer of vacuum carburized low – alloy steel gears[J]. Solid State Phenomena,2015,227:425 – 428.

[6] SI Z,ZHI X,SUN Y,et al. Microstructure and properties of high manganese carbidic austempered ductile iron[J]. Transactions of the Indian Institute of Metals,2022,75(3):833 – 842.

[7] UTEPOV E B,BURSHUKOVA G A,IBRAEVA G M,et al. Development of iron – based alloys with improved damping capacity and good mechanical properties[J]. Metallurgist,2015,59(3 – 4):229 – 235.

[8] KANG C Y,SUNG J H,KIM G H,et al. Effect of heat treatment on the damping capacity of austempered ductile cast iron[J]. Materials Transactions,2009,50(6):390 – 1395.

[9] KANG C Y,JO D H,KIM Y K,et al. Effect of subzero treatment on the damping capacity of austempered ductile cast iron[J]. Journal of the Korean Institute of Metals and Materials,2009,47(3):169 – 174.

[10] MENEGHETTI G,CAMPAGNOLO A,BERTO D,et al. Fatigue strength of austempered ductile iron – to – steel dissimilar arc – welded joints[J]. Welding in the World,2021,65(4):79 – 83.

[11] 陈云,陈超,徐子凡.具有自复位功能的金属耗能阻尼器抗震性能研究[J].振动与冲击,2021,40(23):7 – 11.

[12] XIA B,ZHANG X M,MISRA R,et al. Significant impact of cold – rolling deformation and annealing on damping capacity of Fe – Mn – Cr alloy[J]. Journal of Iron and Steel

Research International,2020,27(5):48 -54.

[13] REDDY K V,NAIK R B,REDDY G M,et al. Damping capacity of aluminium surface layers developed through friction stir processing[J]. Materials Letters,2021,298(4):130031 -130035.

[14] NAZAROV V E,KOLPAKOV A B. The effects of amplitude - dependent internal friction in a low frequency annealed polycrystalline copper rod resonator[J]. Technical Physics,2022,66(12):1257 -1267.

[15] 马春江,张荻,覃继宁,等. Mg - Li - Al 合金的力学性能和阻尼性能[J]. 中国有色金属学报,2000,S1:5 -8.

[16] FOX M,ADAMS R D. Correlation of the damping capacity of cast iron with its mechanical properties and microstructure[J]. Journal of Mechanical Engineering Science,1982,15(2):81 -94.

[17] 张忠明,王锦程,马莹,等. 水平连铸灰铁 HT250 型材的阻尼行为[J]. 特种铸造及有色合金,2012,2:154 -157.

[18] 方前锋,葛庭燧. 与位错和点缺陷交互作用有关的非线性滞弹性内耗的研究[J]. 中山大学学报,2001,A40:203 -207.

[19] 施瑞鹤,沈嘉猷,林凡,等. 减震铸铁[J]. 铸造,1991,(11):12 -16.

[20] ZENER C. Elasticity and anelasticity of metals[M]. Chicago:The University of Chicago Press,1984.

[21] 方前锋,朱震刚,葛庭燧. 高阻尼材料的阻尼机理及性能评估[J]. 物理. 2000,29(9):541 -545.

[22] 田莳,李秀臣,刘正堂. 金属物理性能[M]. 北京:航空工业出社,1994.

[23] GRANATO A,LUCKE K. Theory of mechanical damping due to dislocation[J]. Journal of Applied Physics,1956,276:583 -593.

[24] 翁端,刘爽,何嘉昌. 锰基阻尼合金研发及产业化国内外现状[J]. 科技导报,2014,3:77 -83.

[25] 张昊,冯旭辉,孙有平,等. 大应变轧制和均匀化处理对 Mg - 4Sn - 1Mn 合金力学性能和阻尼性能的影响[J]. 铸造技术,2021,42(4):5 -7.

[26] 叶雨泓,杨浩章,杨鹏进. 材料物理性能分析方法在金属材料生产及研究中的应用[J]. 冶金管理,2020(17):2 -4.

[27] 哈宽. 金属力学性质的微观理论[M]. 北京:科学出版社,1983.

[28] 薄鑫涛. 等温淬火球墨铸铁:ADI[J]. 热处理,2016,4:46 -48.

[29] 曾艺成. 等温淬火球墨铸铁(ADI)研究现状及发展前景[J]. 中国铸造装备与技术,2007,3:60 -66.

[30] 李冲,龚文邦,孙利,等. ADI 在我国汽车领域的应用及发展前景[J]. 现代铸铁,2022,42(1):5 -8.

[31] PLOWMAN A,周建荣,高杰,等. 等温淬火球墨铸铁的生产工艺[J]. 现代铸铁,2012(z1):64 -69.

[32] PANNEERSELVAM S, MARTIS C J, PUTATUNDA S K, et al. An investigation on the stability of austenite in austempered ductile cast iron (ADI)[J]. Materials Science and Engineering: A, 2015, 626: 237 – 246.

[33] BENAM A S. Effect of alloying elements on austempered ductile iron (ADI) properties and its process: review[J]. China Foundry, 2015, 12(1): 54 – 70.

[34] ZHANG J, ZHANG N, ZHANG M, et al. Microstructure and mechanical properties of austempered ductile iron with different strength grades[J]. Materials Letters, 2014, 119(15): 47 – 50.

[35] PERELOMA E V, ANDERSON C S. Microstructure and properties of austempered ductile iron subjected to single and two step processing[J]. Materials Science and Technology, 2006, 22: 1112 – 1118.

[36] 刘金城,时胜利. 等温淬火球铁的微观组织与力学性能[J]. 现代铸铁,2007,3:49 – 54.

[37] BAYATI H, ELLIOTT R, LORIMER G, et al. Stepped heat treatment for austempering of high manganese alloyed ductile iron[J]. Materials Science and Technology, 1995, 4(1): 56 – 58.

[38] BAYATI H, ELLIOTT R, LORIMER G, et al. Austempering process in high manganese alloyed ductile cast iron[J]. Materials Science and Technology, 1995, 12(7): 89 – 93.

[39] YANG J, PUTATUNDA S K. Influence of a novel two – step austempering process on the strain – hardening behavior of austempered ductile cast iron (ADI)[J]. Materials Science and Engineering(A), 2004, 382(1 – 2): 265 – 279.

[40] PUTATUNDA S K. Development of nanostructure austempered ductil iron with dual phase microstructure: US20160032430A1[P]. 2016 – 02 – 04.

[41] YANG J, PUTATUNDA S K. Improvement in strength and toughness of austempered ductile cast iron by a novel two – step austempering process[J]. Materials & Design, 2004, 25(3): 219 – 230.

[42] RAVISHANKAR K S, RAO P P, UDUPA K R. Improvement in fracture toughness of austempered ductile iron by two – step austempering process[J]. International Journal of Cast Metals Research, 2013, 23: 330 – 343.

[43] UYAR A, SAHIN O, NALCACI B, et al. Effect of austempering times on the microstructures and mechanical properties of dual – matrix structure austempered ductile iron (DMS – ADI)[J]. International Journal of Metalcasting, 2021, 48(2): 1 – 12.

[44] PADAN D S. Microalloying in austempered ductile iron (ADI)[J]. 2012, 120: 277 – 288.

[45] 赵月. 等温淬火工艺对 ADI 组织和性能的影响[D]. 哈尔滨:哈尔滨理工大学,2015.

[46] 刘岩,郭二军,冯义成,等. 一步等温淬火温度和时间对高强韧 ADI 组织与性能的影响[J]. 金属热处理报,2017,42(6):97 – 100.

[47] 王长亮. Cu 合金化对 ADI 组织和性能的影响[D]. 哈尔滨:哈尔滨理工大学,2015.